东南土木·青年教师·科研论丛

中央高校基本科研业务费专项资金资助

介孔硅材料吸附水中污染物技术与原理

秦庆东 著

·南京·

内容提要

本书共分八章，分别是绪论、MCM-41对水中硝基苯的吸附、甲基化MCM-41对水中硝基苯类化合物的吸附、SBA-15对水中氯酚的吸附、SBA-15对水中磺胺类药物的吸附、氨基化MCM-41对水中染料的吸附、巯基化MCM-41对水中Hg(Ⅱ)的吸附、结论与展望。

本书可供市政工程、环境工程、环境科学以及相关专业的研究人员参考使用。

图书在版编目(CIP)数据

介孔硅材料吸附水中污染物技术与原理/秦庆东著.
—南京:东南大学出版社，2015.9
(东南土木青年教师科研论丛)
ISBN 978-7-5641-5881-1

Ⅰ.①介… Ⅱ.①秦… Ⅲ.①硅-多孔性材料-水污染物-吸附法-研究 Ⅳ.①X52

中国版本图书馆CIP数据核字(2015)第144125号

介孔硅材料吸附水中污染物技术与原理
著　　者 秦庆东
责任编辑 丁　丁
编辑邮箱 d.d.00@163.com

出版发行 东南大学出版社
社　　址 南京市四牌楼2号　邮编:210096
出 版 人 江建中
网　　址 http://www.seupress.com
电子邮箱 press@seupress.com
经　　销 全国各地新华书店
印　　刷 南京玉河印刷厂
版　　次 2015年9月第1版
印　　次 2015年9月第1次印刷
开　　本 787mm×1092mm　1/16
印　　张 8
字　　数 195千
书　　号 ISBN 978-7-5641-5881-1
定　　价 38.00元

本社图书若有印装质量问题，请直接与营销部联系。电话(传真):025-83791830

序

作为社会经济发展的支柱性产业，土木工程是我国提升人居环境、改善交通条件、发展公共事业、扩大生产规模、促进商业发展、提升城市竞争力、开发和改造自然的基础性行业。随着社会的发展和科技的进步，基础设施的规模、功能、造型和相应的建筑技术越来越大型化、复杂化和多样化，对土木工程结构设计理论与建造技术提出了新的挑战。尤其经过三十多年的改革开放和创新发展，在土木工程基础理论、设计方法、建造技术及工程应用方面，均取得了卓越成就，特别是进入21世纪以来，在高层、大跨、超长、重载等建筑结构方面成绩尤其惊人，国家体育场馆、人民日报社新楼以及京沪高铁、东海大桥、珠港澳桥隧工程等高难度项目的建设更把技术革新推到了科研工作的前沿。未来，土木工程领域中仍将有许多课题和难题出现，需要我们探讨和攻克。

另一方面，环境问题特别是气候变异的影响将越来越受到重视，全球性的人口增长以及城镇化建设要求广泛采用可持续发展理念来实现节能减排。在可持续发展的国际大背景下，“高能耗”“短寿命”的行业性弊病成为国内土木界面临的最严峻的问题，土木工程行业的技术进步已成为建设资源节约型、环境友好型社会的迫切需求。以利用预应力技术来实现节能减排为例，预应力的实现是以使用高强高性能材料为基础的，其中，高强预应力钢筋的强度是建筑用普通钢筋的3～4倍以上，而单位能耗只是略有增加；高性能混凝土比普通混凝土的强度高1倍以上甚至更多，而单位能耗相差不大；使用预应力技术，则可以节省混凝土和钢材20％～30％，随着高强钢筋、高强等级混凝土使用比例的增加，碳排放量将相应减少。

东南大学土木工程学科于1923年由时任国立东南大学首任工科主任的茅以升先生等人首倡成立。在茅以升、金宝桢、徐百川、梁治明、刘树勋、方福森、胡乾善、唐念慈、鲍恩湛、丁大钧、蒋永生等著名专家学者为代表的历代东大土木人的不懈努力下，土木工程系迅速壮大。如今，东南大学的土木工程学科以土木工程学院为主，交通学院、材料科学与工程学院以及能源与环境学院参与共同建设，目前拥有4位院士、6位国家千人计划特聘专家和4位国家青年千人计划入选者、7位长江学者和国家杰出青年基金获得者、2位国家级教学名师；科研成果获国家技术发明奖4项，国家科技进步奖20余项，在教育部学位与研究生教育发展中心主持的2012年全国学科评估排名中，土木工程位列全国第三。

近年来，东南大学土木工程学院特别注重青年教师的培养和发展，吸引了一批海外知名大学博士毕业青年才俊的加入，8人入选教育部新世纪优秀人才，8人在35岁前晋升教授或博导，有12位40岁以下年轻教师在近5年内留学海外1年以上。不远的将来，这些青年学者们将会成为我国土木工程行业的中坚力量。

时逢东南大学土木工程学科创建暨土木工程系(学院)成立90周年,东南大学土木工程学院组织出版《东南土木青年教师科研论丛》,将本学院青年教师在工程结构基本理论、新材料、新型结构体系、结构防灾减灾性能、工程管理等方面的最新研究成果及时整理出版。本丛书的出版,得益于东南大学出版社的大力支持,尤其是丁丁编辑的帮助,我们很感谢他们对出版年轻学者学术著作的热心扶持。最后,我们希望本丛书的出版对我国土木工程行业的发展与技术进步起到一定的推动作用,同时,希望丛书的编写者们继续努力,并挑起东大土木未来发展的重担。

东南大学土木工程学院领导让我为本丛书作序,我在《东南土木青年教师科研论丛》中写了上面这些话,算作序。

中国工程院院士:吕志涛

2013.12.23

前 言

随着水污染问题的日益严重和水质标准要求的进一步提高，常规水处理技术对水中污染物的去除能力明显不足。因此，开发高效、经济、简便的除污染技术尤为必要。吸附是去除水中污染物的有效方法之一，但常规的吸附材料大多存在吸附速率慢、吸附容量低和选择性差等缺点。介孔硅材料是一种新颖的纳米结构材料，由于它是在分子水平上通过自组装方式合成，具有规则可调的孔径分布，是一种理想的吸附材料和催化剂载体。本书从介孔硅材料 MCM-41 和 SBA-15 着手，根据水中不同污染物的特性，探讨其在水处理领域中的应用前景及其与水中污染物的作用机制，以期为水质安全提供有效的技术保障。

本书介绍了介孔硅材料 MCM-41 对水中硝基苯的吸附，并针对介孔硅材料 MCM-41 水热稳定性差的缺点，采用三甲基氯硅烷对 MCM-41 进行表面改性，研究甲基化 MCM-41 对硝基苯类化合物的吸附性能，并探讨吸附机理。同时，根据阴离子染料和重金属汞离子的物理化学特征，分别对 MCM-41 进行氨基化和巯基化改性，探讨改性后 MCM-41 对污染物的吸附机理。此外，与 MCM-41 相比，SBA-15 具有较宽的孔径和较厚的孔壁，从而使 SBA-15具有较高的水热稳定性。因此，本书选择氯酚类有机物和磺胺类药物作为典型有机污染物，探讨 SBA-15 吸附氯酚类有机物的机理，揭示 SBA-15 吸附磺胺类药物的吸附规律，丰富发展了介孔硅材料吸附有机物的理论。

介孔氧化硅材料具有较大的比表面积，且孔径分布规则可调，是一种理想的选择性吸附材料。本书仅选择两种介孔硅材料吸附水中不同类型的污染物以起到抛砖引玉的作用。由于作者的学术见识有限，本书的许多观点、论证还不够严密，书中难免有疏忽，甚至不免有错误之处，敬请各位读者、同行批评指正，对此作者不胜感激。

本书是在作者博士论文的基础上进一步完善而来的，导师马军教授以及傅大放教授在本书的整个完成过程中一直给予关心并提供了重要的指导，在此一并表示深深的谢意！

在本书的写作过程中，参考了许多国内外相关专家学者的论文和著作，在参考文献中列出，向他们表示深深的谢意！但是难免仍会有遗漏的文献，在此向各位作者表示歉意。

秦庆东

2015 年 5 月于东南大学

目　录

第1章 绪 论

1.1 研究背景

随着人类社会的不断发展，环境污染问题在全球范围内日益严重，其中水污染问题已成为人类经济可持续发展的重要制约因素。有机污染物、无机污染物和病毒在人类和大自然的作用下，不断地引入水环境中，对人类和水中生物的基本生存条件构成严重的危害[1]。为了控制水体污染、满足人类身体健康和水体环境的风险要求，多种水体污染控制技术的发展也日臻完善，包括空气吹脱和曝气、混凝和絮凝、沉和浮选、过滤、离子交换、化学沉淀、膜过滤、化学氧化、吸附和消毒等[2, 3]。其中吸附技术由于工艺简单，成本较低，操作方便，已成为水污染控制的主流方法之一[4]。

吸附是化学物质在两个毗邻相界面之间的富集过程。被吸附的物质称为吸附质。根据吸附质与吸收剂表面分子间结合力的性质，可分为物理吸附和化学吸附。物理吸附由吸附质与吸附剂分子间引力所引起，结合力较弱，吸附热较小，容易脱附。化学吸附则由吸附质与吸附剂间的化学键所引起，犹如化学反应，吸附质分子不能在表面自由移动，吸附通常是不可逆的，吸附热较大[5]。

水处理过程中常用的吸附剂有活性炭、Al_2O_3、离子交换树脂、黏土、沸石和硅胶等。由于水中污染物具有不同的化学性质和不同的存在形态，单一的吸附剂不能完全去除水中的污染物，并且对吸附性能产生影响的主要因素有吸附剂的性质、吸附质的性质和吸附过程的操作条件。

吸附剂的性质包括吸附剂的种类、颗粒大小、比表面积、颗粒的孔构造与分布、吸附剂是否是极性分子等。吸附剂的粒径越小，或者微孔越发达，其比表面积越大。吸附剂的比表面积越大，吸附点位越多，则吸附能力就越强。对于一些大分子吸附质，吸附剂的比表面积越大，则微孔提供的表面积难以起吸附作用。吸附剂内孔的大小和分布对吸附性能的影响很大。孔径越大，比表面积越小，吸附能力差；而孔径太小，则不利于吸附质扩散，并对分子直径较大的吸附质起位阻作用。吸附剂中内孔一般是不规则的，孔径范围为 0.1～100 nm，通常将孔半径大于 50 nm 的称为大孔，2～50 nm 的称为中孔，而小于 2 nm 的称为微孔。大孔的表面对吸附贡献不大，仅提供吸附质和溶剂扩散通道。中孔能吸附较大分子，并帮助小分子溶质通向微孔。大部分吸附表面积由微孔提供。因此吸附量主要受微孔支配。采用不同的原料和活化工艺制备的吸附剂其孔径分布是不同的。再生情况也影响孔的结构。分子筛因其孔径分布十分均匀,而对某些特定大小的分子具有很高的选择性[6]。

一些吸附剂在制备过程中会在表面形成一定量的不均匀氧化物,其成分和数量随制备原料和活化工艺不同而异。一般把表面氧化物分成酸性和碱性两大类,并按这种分类来解释其吸附机理。经常指的酸性氧化物基团有:羧基、酚羟基、醌型羰基、正内酯基以及环式过氧基等。其中羧酸基、酯基及酚羟基为主要酸性氧化物,对碱金属氢氧化物有很好的吸附能力。对于碱性氧化物的说法尚有分歧,有的认为是如氧萘的结构,有的则认为类似吡喃酮的结构,碱性氧化物在高温(800～1 000℃)活化时形成,在溶液中吸附酸性物[7-9]。另外,根据不同的吸附质,可以对吸附剂进行改性,从而得到吸附性能不同的吸附剂。

吸附剂是决定高效能吸附处理过程的关键因素,吸附剂应具有吸附能力强、吸附选择性好、速度快、化学性质稳定、成本低、易回收、易再生、重复使用性能良好等特点。一般工业吸附剂很难同时满足这几个方面的要求,因此,在吸附处理过程中应根据不同的需求选用不同的吸附剂。

吸附质的性质对于一定的吸附剂,由于吸附质性质的差异,吸附效果也不一样。通常对于一些溶解度较小的有机物,活性炭的吸附容量随着有机物在水中溶解度的减小而增加。如活性炭对有机酸的吸附容量按甲酸＜乙酸＜丙酸＜丁酸的次序而增加[4]。一些吸附质在水体中可以降低溶液的表面张力,也能使吸附质更容易被吸附剂吸附[10]。溶质吸附量的大小同样也和溶质与溶剂之间以及溶质与吸附剂固体之间的相对亲和力大小有关。如果溶质与溶剂的亲和力大于溶质与吸附剂之间的亲和力,则溶质的吸附量小。反之,则溶质将从溶液向吸附剂表面迁移,吸附量就大。所以极性吸附剂易吸附极性的吸附质,非极性吸附剂易吸附非极性的吸附质[4]。吸附质分子的大小和不饱和度对吸附也有一定的影响,如活性炭易吸附分子直径较大的饱和化合物,合成沸石易吸附分子直径小的不饱和化合物。因此,应根据水体中吸附质的性质选择吸附剂。

吸附操作条件是影响吸附的一个外在因素。吸附是一个吸放热过程,对于吸热反应来说,高温有利于吸附;对于放热反应来说,低温有利于吸附。溶液的 pH 值影响到溶质的存在状态(分子、离子或络合物),也影响到吸附剂表面的电荷特性和化学特性,进而影响到吸附效果。在吸附操作过程中,应保证吸附剂与吸附质有足够的接触时间,使吸附达到平衡。溶液中存在的其他物质也对吸附产生一定的影响。对于物理吸附,共存多种物质时的吸附效果较单一物质时的吸附效果差。

多孔材料由于具有较大的比表面积,长期以来广泛应用于吸附、催化和分离等领域。国际纯粹与应用化学协会(IUPAC)按照孔径大小,将多孔材料分为三类:微孔材料(＜2 nm)、介孔材料(2～50 nm)和大孔材料(＞50 nm)。有序介孔材料是近十年来的新材料,由于其重要的潜在应用价值,成为材料与化学科学的一个研究热点,如 M41S 系列。M41S 系列介孔硅材料由 Mobil 公司于 1992 年合成,主要有 MCM-41、MCM-48 和 MCM-50,结构如图 1.1。该系列材料主要特点:长程有序;具有较大的比表面积(＞700 m^2/g);孔径大小均匀(1.5～10 nm)、规则排列有序;孔隙率高;孔径在 2～20 nm 范围内可以连续调节;表面富

含弱 酸性硅端羟基等，已被广泛地应用于工业催化，吸附分离，环境污染等领域[11-13]。

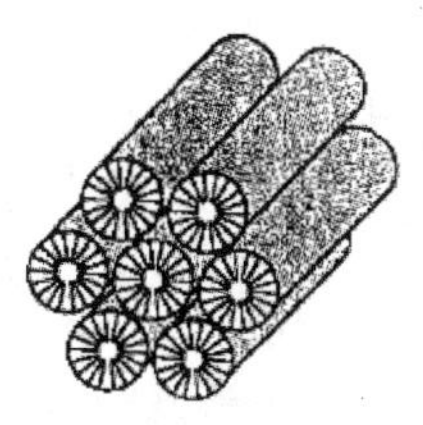
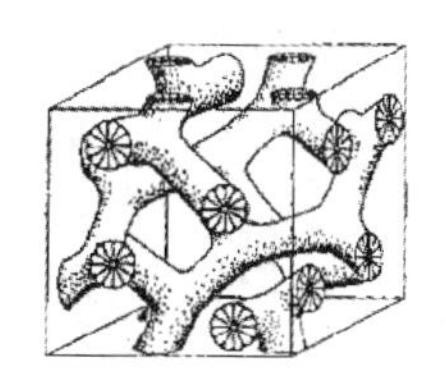
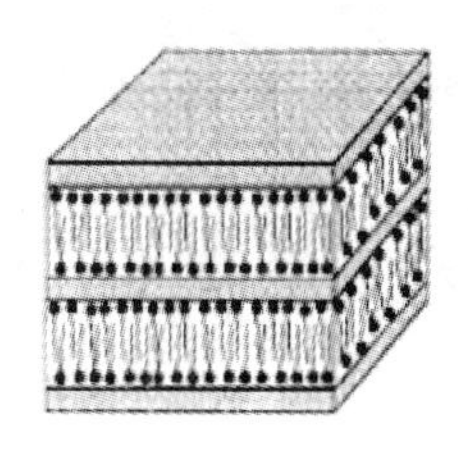
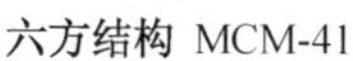

六方结构 MCM-41　　立方结构 MCM-48　　层状结构 MCM-50

图 1.1　M41S 系列介孔材料的结构示意图[12]

本研究选择介孔硅材料作为研究对象，利用其较大的表面积和较窄的孔径分布，研究其对水中典型有机污染物吸附情况；并根据水体中污染物的种类和来源，针对一些特定的污染物，在介孔硅材料表面上嫁接官能团，使其具有选择性吸附作用，考察改性后介孔硅材料对这些特定污染物的吸附性能，从理论上得出改性方法与污染物特性之间的联系，为用于突发性污染和专属性吸附等问题提供技术支持作用。

1.2　国内外研究现状

1.2.1　介孔硅材料的合成

有序介孔硅材料主要由水热法合成，一般是在酸性条件或碱性条件下以表面活性剂形成的超分子结构为模板，利用溶胶一凝胶工艺，温度为 70～150℃，通过有机物和无机物之间的界面定向引导作用组装成孔径为 1.5～10 nm 具有窄孔径分布和规则孔道结构的无机介孔材料。

MCM-41 介孔分子筛的合成机理有液晶模板机理（Liquid Crystal Templating Mechanism, LCT），如图 1.2(A)所示[12]。液晶模板机理认为合成产物与表面活性剂在水中溶致液晶的现象非常相似，其原理是具有两性（亲水和疏水）基团的表面活性剂首先随着表面活性剂浓度的不断增加在水中形成球形胶团，然后再由胶团形成胶束，进而堆积成六方相。当加入无机硅源后，溶解在溶剂中的无机硅源与表面活性剂的亲水端存在相互作用力，使硅源发生水解并沉淀在表面活性剂的柱状胶团上，最后通过焙烧除去有机物种就得到了 M41S 介孔分子筛。LCT 机理认为表面活性剂形成的胶团是在加入无机硅源之前就已形成，以此作为合成 MCM-41 介孔材料的模板。由于 MCM-41 介孔材料在合成过程中，模板剂的浓度一般都大大低于形成液晶所需的最低浓度，故 LCT 机理的解释与此实验现象相矛盾[14-16]。

MCM-41 的合成机理还有协同模板机理（Cooperative Templating Mechanism, CTM），如图 1.2(B)所示[12]。协同模板机理认为表面活性剂形成的液晶相是形成MCM-41

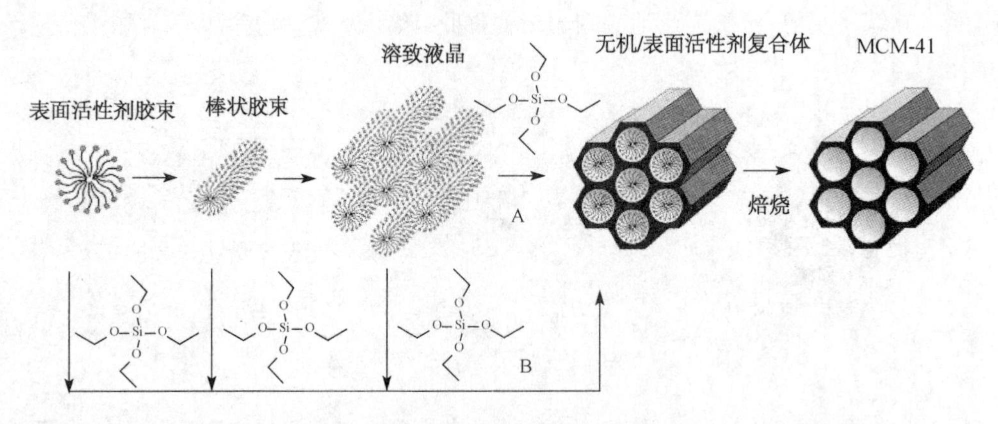

图 1.2 MCM-41 介孔分子筛的合成机理示意图(A—液晶模板机理，B—协同模板机理)[12]

结构的模板剂，但表面活性剂的液晶相是在无机硅源加入后形成的，通过表面活性剂胶束与无机物种相互作用，按照自组装方式形成六方有序结构。胶束加速无机物种的缩聚反应过程主要是由于两相界面之间的相互作用(如静电引力、氢键或配位键等)导致无机物种在界面的浓缩而产生。协同模板机理较好地解释了介孔分子筛合成中的诸多 LCT 机理无法解释的实验现象，如低表面活性剂浓度下介孔分子筛的合成，以及合成过程中的相转变现象等[17, 18]。

1.2.2 介孔硅材料吸附水中污染物的研究

无机介孔硅材料不仅比表面积大，而且表面含有大量的羟基，并且等电点较低和具有一定的憎水性质，因此，利用介孔硅材料的结构特性和表面特性，将其应用于水处理过程中得到了一定的关注。

Cooper 和 Burch[19]用四种不同方法合成的介孔硅材料(M41S)吸附去除水中氰尿酸和对氯苯酚，最大吸附量均达到 150 mg/g 以上，四种介孔硅材料对对氯苯酚的吸附容量最大，作者认为对氯苯酚比氰尿酸的憎水性强，易于与吸附剂表面的强吸附位作用。利用该介孔材料催化臭氧化去除水中对氯苯酚时，发现吸附上的对氯苯酚被氧化去除并使介孔材料达到了再生。

Wang 等人[20]用 MCM-22 吸附废水中的碱性染料(亚甲基蓝、结晶紫和罗丹明 B)，吸附等温线可以用 Langmuir 和 Freundlich 模型进行拟合，吸附容量分别为 1.8×10^{-4} mol/g、1.2×10^{-4} mol/g和 1.1×10^{-4} mol/g，吸附动力学符合假二级模型，膜扩散是吸附的主要控制步骤。通过热力学计算，吸附为吸热过程。其外，作者也考察了用热和芬顿试剂氧化再生天然沸石和 MCM-22 吸附亚甲基蓝的情况。发现热再生可以使 MCM-22 达到或者超过原 MCM-22 的吸附能力，但是初始的吸附速率较原 MCM-22 有所降低。增加再生的温度和时间可以使 MCM-22 结构发生坍陷，导致再生后吸附能力降低，因此用热再生存在一个最优值。而芬顿试剂氧化仅恢复了 60%的吸附能力，这是由于铁离子与 MCM-22 发生了交换作用降低了亚甲基蓝的吸附。两种方法使天然沸石再生吸附能力恢复 60%[21]。

O'Connor 等人[22]在酸性条件下合成 MCM－41 吸附去除水中的赖氨酸，吸附符合 Langmuir 等温线，随着溶液 pH 的升高(pH3～6)，赖氨酸带正电，MCM-41 表面带负电，由于静电吸附的作用，吸附量逐渐增大，在 pH 为 6 时的最大吸附量为 0.21 mmol/g。然而，当溶液中的离子强度增加时，由于竞争吸附的原因，吸附量显著降低。吸附机理为静电吸附和离子交换作用。

Gokulakrishnan 等人[23]用介孔硅材料吸附去除水中的柠檬酸，考察了接触时间、柠檬酸浓度、不同吸附剂和 pH 对吸附的影响，发现柠檬酸的初始浓度分别为 100 mg/L, 300 mg/L, 500 mg/L 和 700 mg/L 时，吸附 90min 就达到平衡，并且吸附量随着初始浓度的升高而升高，各个吸附剂的吸附顺序为：Al-MCM-41 (Si/Al＝30) ＞ Al-MCM-41(Si/Al＝51) ＞ Al-MCM-41 (Si/Al＝72) ＞ Al-MCM-41 (Si/Al＝97) ＞ Si-MCM-41 ＞ H 型β沸石。在低 pH 时，各个吸附剂对柠檬酸的吸附效果最好，作者认为在低 pH 时，柠檬酸与吸附剂表面的羟基发生氢键作用，因此铝含量高的 MCM-41 吸附能力最好。而在高 pH 时，带负电的柠檬酸与吸附剂产生静电排斥作用。动力学分析认为吸附符合一级动力学，孔扩散为吸附的主要控制步骤。Gokulakrishnan 研究的结果与 Khalid[24]研究的结果不一致，后者得出 Si/Al 比越大对有机物(苯酚)的吸附越有利，这可能是由于不同的有机物具有不同的吸附机理造成的。

Zhao 等人[25]用十六烷基三甲基溴化铵(CTAB)和十六烷基溴化吡啶(CPB)合成的 MCM-41 吸附水中离子型有机物(氯乙酸，二氯乙酸、三氯乙酸)和非离子型有机物(甲苯、萘、甲基橙)，发现含有表面活性剂的 MCM-41 对各种有机物均有很好的吸附，而煅烧后的 MCM-41 仅对非离子有机物存在少量吸附。由于离子间的静电作用，离子型有机物在 CTAB 合成的 MCM-41 上的吸附量大于 CPB 合成的 MCM-41。相反，由于 π-π 电子作用，非离子型有机物在 CPB 合成的 MCM-41 上的吸附量大于 CTAB 合成的 MCM-41。

Mangrulkar 等人[26]在碱性条件下合成 MCM-41 吸附去除水中的苯酚和间氯苯酚，发现煅烧前 MCM－41 比煅烧后 MCM－41 能更好地吸附苯酚和间氯苯酚，由于煅烧前 MCM-41含有表面活性剂提高了 MCM-41 表面的憎水性。另外，煅烧前 MCM-41 对间氯苯酚的吸附效果比苯酚好，因为，在较高 pH 下，苯酚容易发生电离，不利于吸附；同时，间氯苯酚的憎水性能比苯酚高，更有利于 MCM-41 的吸附。

Wei 等人[27]发现 MCM-41 能有效地吸附烟草萃取液中的亚硝胺，并且去除效果比活性炭好。当在 MCM-41 骨架中引入铝原子时，能促进亚硝胺的吸附。作者认为吸附亚硝胺的原因有 MCM－41 孔径几何维数的限制作用，表面阳离子的静电作用和吸附剂的酸性作用。

用 MCM-41 作为载体去除水中有机物也得到了一些研究，如利用 MCM-41 具有较大的比表面积负载 TiO_2进行光催化降解有机物[28, 29]或者负载还原性金属使有机物还原[30]。Hsien 等人在 MCM-41 上负载 TiO_2光催化氧化降解水中的苯、氯苯、二氯苯和苯酚。结果表明有机物的降解与有机物的挥发性和亲核性有很大关系，挥发性越大的有机物降解产生的 CO_2越少，而亲核试剂苯酚的降解则最易。另外，TiO_2的负载量存在一个最佳值。Li 等人在 MCM-41 上负载 TiO_2光催化降解 Orange II 也取得了较好的结果。Schüth 等人则在分子筛上负载钯去除水中的二氯苯,发现在去离子水中,Y 型沸石,MCM-41 以及氧化铝上负载钯的去除效果较好,而在 ZSM-5 上的去除效果不明显,由于 ZSM-5 沸石孔径较小,二氯苯不能进入孔道内进行反应。当水中存在亚硫酸盐时,只有 Y 型沸石(Si/Al=200)负载钯效果较好,其他负载型沸石效果均明显减少,这是由于 MCM-41 的孔径较大使得亚硫酸盐能进入孔道中使钯中毒。

由于介孔硅材料表面含有大量的—Si—OH 基团,对重金属离子也有较强的亲和力,因此,能用作吸附剂处理含重金属离子的废水[31-33]。靳昕等人以 MCM-41 处理含铬废水,在 pH 为 6～6.8 时,Cr(Ⅵ) 初始浓度为 10 mg/g,可使水中 Cr(Ⅵ) 的去除率达 92.70%,饱和吸附量为 86.56 mg/g,吸附符合 Langmuir 型吸附等温线。由再生实验可以得出,MCM-41 在酸中浸泡 24 h 以上,再生效果较好,可重复使用。杨静等人以气相氧化硅为硅源,十六烷基三甲基溴化铵为模板剂,分别在碱性(氢氧化钠和四乙基氢氧化铵)和酸性介质条件(盐酸)下水热合成了 MCM-41 有序介孔材料 MCM-41-N, MCM-41-T 和 MCM-41-H。用 X 射线衍射、氮气吸附—脱附等手段对比分析了合成的 3 种 MCM-41 介孔材料的物相、比表面积、孔径、孔体积等,发现酸性介质中合成介孔材料的孔径最大。在此基础上,利用 MCM-41 介孔材料对比研究了处理含镉离子(Cd^{2+})废水的效果和机理,确定了不同介孔材料用量、不同初始 pH 条件下 MCM-41 介孔材料对水中 Cd^{2+} 的吸附率和吸附量。结果表明:介孔材料用量相同时,溶液 pH 的增大有利于提高 3 种 MCM-41 介孔材料对水中 Cd^{2+} 的处理效果。在 pH 从 7.0 到 8.0 的过程中,其吸附率有 1 个突变,MCM-41-T对 Cd^{2+} 吸附率从 35.65%提高到 62.15%;MCM-41-N 的从 38.80%提高到 69.40%;MCM-41-H 的从 50.22%提高到 73.47%。孔径最大的 MCM-41-H 对 Cd^{2+} 的吸附效果最佳,最大吸附率为 89.56%,最大吸附容量为 8.57 mg/g。吸附溶液 pH 的大小和介孔材料的孔径尺寸是决定吸附量大小的关键因素,因此,重点应通过优化合成工艺提高介孔材料的孔径。Terdkiatburana 等人用 MCM-22 吸附水中 Cu^{2+} 和 Pb^{2+},最大吸附量分别为 33 mg/g和 78 mg/g,当水中存在腐殖酸时,由于 Cu^{2+} 和 Pb^{2+} 与腐殖酸发生络合作用,吸附量明显降低。

M41S 系列介孔硅材料在水处理中的应用研究才刚刚开始,对于该材料实际应用于水处理中,还需要详细的研究。例如 MCM-41 虽然具有很高热稳定性,但是在水溶液中结构容易发生坍陷。其中的 Si—O—Si 键在水中容易发生水解,导致孔容和比表面积减小。因此一些水热稳定性高的硅介孔材料已被制备并应用于水处理过程中。Fujita 等人[34,35]用高硅沸石吸附臭氧去除水中的三氯乙烯时,发现高硅沸石既能吸附臭氧也能吸附三氯乙烯,并且反应速率较单纯臭氧有明显的提高。Sagehashi 等人[36]用高硅沸石吸附臭氧降解水中的 MIB 并能很好地控制溴酸盐产量。Guo 等人[37]的研究结果表明用 H-ZSM-5(Si/Al=48)可以有效地吸附水中的对氯硝基苯和间氯硝基苯,对对氯硝基苯的最大吸附量可以达到 120 mg/g,而对间氯硝基苯的最大吸附量为 20 mg/g,并且对氯硝基苯的扩散系数是间氯硝基苯的 100 倍,因此,作者认为可以用 H-ZSM-5 分离对氯硝基苯和间氯硝基苯混合溶液。

1.2.3 介孔硅材料对水中污染物的吸附机理

无机离子在介孔硅材料上的吸附主要是静电吸引和表面络合作用[38]，而水中有机物在介孔硅材料表面上的吸附过程可能有多种途径。阳离子有机物的吸附主要基于异种电荷之间的相互吸引作用、离子交换作用和表面络合作用[39, 40]。而介孔硅材料对水中非离子有机物吸附一般认为存在三种作用。(1)非极性和弱极性化合物在介孔硅材料表面附近区域的分配作用，这种作用的驱动力是有机物的疏水性。在水体中，非离子型有机物在吸附到亲水性介孔硅材料表面之前，有机物需要替代早已吸附在表面上的水分子，由于非极性和弱极性有机物与介孔硅材料表面没有氢键结合作用，这些有机物不会像水分子那样与无机表面进行有效的相互作用。因此，从水相到水覆盖的亲水性固体的表面吸附可能不能解释非极性或弱极性有机物在介孔硅材料表面吸附过程。这存在两种推测的机理。首先，中等极性介孔硅材料的部分表面(—Si—O—Si—)可以允许极性水分子和非极性有机物存在某种程度的交换；其次，水体中的有机物可以很快扩散到与固体表面邻近的“特殊”水中或填充到固体的纳米级孔隙中，固体表面具有一层有序表面的水膜即微层水，当有机物在固体表面发生吸附时，微层水中的水分子发生脱附，这一层水分子与水分子之间的相互作用的破裂，就为整个有机物的吸附过程提供了额外的能量[41-44]。(2)络合与电子供体/受体配位作用。这两种作用是硝基苯类化合物在黏土上的吸附机理。由于芳香环上硝基取代物具有很强的吸电子特性，许多硝基化合物都有很强的吸引电子供体能力，靠近芳香环上 π 电子云(即硝基化合物是电子受体)。黏土表面的硅氧烷上存在多余电子，只要这些硅氧烷表面氧没有被大量的水合阳离子所阻挡，硝基化合物就能与其构成一个电子供体/受体的复合物。Haderlein 和 Schwarzenbach[45]研究了硝基苯类化合物在高岭土上的吸附情况，发现硝基苯类化合物可逆地吸附到高岭土中的硅氧烷表面上，并且在几分钟内吸附就达到平衡，其吸附量随着硝基苯上的吸电子取代基增多而增大。当高岭土可交换阳离子是强水合阳离子(Na^+、Mg^{2+}、Ca^{2+}、Ba^{2+})时，硝基苯类化合物基本不发生吸附，作者认为吸附机理是硅氧烷中的氧原子与苯环发生了电子供体/受体配位作用。这种电子供体与电子受体配位程度也取决于单位质量黏土中硅氧烷丰度，硅氧烷越多，吸附量就越大[46]。Weissmahr 等人[47]利用原位光谱技术(13C-NMR、ATR-FTIR、UV/VIS、XRD)认为硝基苯类化合物在黏土上的吸附主要是电子供体/受体配位作用，即硅氧烷中的氧是电子供体，硝基化合物为电子受体，吸附上的硝基苯类化合物与硅氧烷形成共平面的复合体，而强水合阳离子只是阻碍了有机物到达黏土表面点位。然而，Boyd 等人[48]利用 FTIR 光谱、量子化学计算和分子动力学模型认为硝基苯类化合物在钾蒙脱石上的吸附是通过硝基与钾离子的络合作用，因为作者观察到了吸附在钾蒙脱石上的硝基化合物中的硝基在 FTIR 光谱上发生了迁移。Li 等人[49]通过计算硝基苯类化合物在钾蒙脱石上的吸附焓变，也认为硝基苯类化合物是与蒙脱石上的钾离子发生络合作用而被去除的。(3)氢键作用。氢键是两个原子间由氢原子生成的键，氢原子的配位数不超过 2，另外，只有电负性最强的原子才能生成氢键，而且两个成键原子的电负性越大，氢键的强度就越大，例如氟、氧和氮都会具有生成氢键的能力[50]。介孔硅材料表面含有大量的硅羟基，能与非离子有机物生成氢键。Lu 等人[51]证明了敌敌畏在 TiO_2 上的吸附机理为氢键作用。Park 等人[52]也证明了在低 pH 下，分子态吡啶甲酸中的 N 原子能与硅胶表面的羟基形成氢键。在 pH>5 时，吡啶甲酸中的羧基官能团发生电离，其羧酸官能团也能与硅胶表面的羧基形成氢键。

1.2.4 功能化介孔硅材料的合成

水体中污染物包括有机污染物（极性，弱极性和非极性有机物）和无机污染物（重金属和阴离子）。不同的污染物在吸附剂上的吸附方式不同，有分配机制、静电作用、氢键作用和络合作用等。为了有效地去除水中污染物，对于不同的污染物，吸附剂表面必须具备与之相匹配的吸附点位。因此，通过合成不同表面官能化的介孔硅材料，可以选择性地吸附去除水中的污染物。

由于介孔硅材料具有大的比表面积和孔容、均一可调的介孔孔径和吸附容量大，可以作为催化剂、吸附剂或催化剂载体。但介孔硅材料的表面官能团种类较少，对一些特定的污染物不能产生吸附作用，因此研究人员开始对介孔硅材料进行改性。改性的方法有均相嫁接方法[53]和异相嫁接方法[54-57]。均相嫁接方法是在制备介孔硅材料的过程中加入改性剂，当混合液反应一定时间后，放入高压反应釜反应一段时间，得到的固体用有机溶剂洗涤，其中的表面活性剂用萃取的方法去除。异相嫁接方法是在合成后的介孔硅材料表面上嫁接官能团。在介孔硅材料表面上有三种硅羟基：孤立的、氢键的、成对的，硅烷化时只有那些自由的—SiOH 和—$Si(OH)_2$ 参加硅烷化反应，氢键的硅羟基形成亲水网络，很难被硅烷化。常见的有表面硅烷化、引入巯基、氨基、羧基、磺酸基等。由于介孔硅材料的表面只有硅羟基（40%～60%），并且改性剂只与硅羟基反应，因此，介孔硅材料的改性一般都在氮气氛围下的有机溶剂中进行。常见的有机溶剂有甲苯、二甲基甲酰胺、1－4 二氧六环。改性剂有三甲基氯硅烷、环式糊精、嘧啶、2－巯基噻唑啉、3－氨丙基三乙氧基硅烷等。改性温度 70～180℃，回流 24 h，最后得到的改性 MCM-41 介孔材料用有机溶剂（甲苯、异丙醇、乙醇、丙酮和乙醚）和水洗涤去除剩余的改性剂并在一定温度下真空干燥约 100℃。嫁接后的介孔材料，由于有机官能团接枝在介孔硅材料的内表面，占据了孔道内部空间，使其比表面积、孔容和孔径都减小。硅烷化后的介孔材料也改变了表面极性和水热稳定性。

Park 和 Komarneni[58]将 MCM-41 用不同的烷基化试剂处理 6 h，脱除模板剂后，改性的介孔材料除孔径变化外，孔容、比表面积保持不变。将 MCM-41 用癸基（Decyl Groups）和甲基（Methyl Groups）进行双功能化处理，癸基修饰孔的边缘，甲基修饰孔的内部，修饰后的介孔材料显示出疏水性。Igarashi 等[59]用异相嫁接方法利用有机硅烷（甲基三乙氧基硅烷、甲基三甲氧基硅烷和乙烯基三乙氧基硅烷）改性 MCM-41 提高材料的憎水性从而提高结构的水热稳定性，有利于该材料作为吸附剂和催化剂使用。Zhao 和 Lu[54]用三甲基氯硅烷改性 MCM-41，发现自由硅羟基和偕硅羟基是硅烷化的主要作用点。硅烷化的处理程度可以通过前期的热处理得到提高。通过研究水蒸气吸附等温线可以得出，改性的 MCM-41 表面憎水性很强并且没有发现小孔堵塞和毛细管凝聚情况。而在研究苯蒸气吸附过程中，发现了毛细管凝聚现象。这种研究结果表明硅烷化的 MCM-41 可以有效地选择性去除水中有机物。此外，一种比较少见的改性方法是炭沉积方法[60]，该方法不仅提高了 MCM-41 的结构稳定性，而且相比较硅烷化改性的 MCM-41 其孔容和孔尺寸相比未改性的 MCM-41 只有较少的降低。

1.2.5 功能化介孔硅材料对水中有机物的吸附

对于水体中非离子有机物的吸附，一般在吸附剂表面上嫁接一些烷烃使其表面的憎水性增强，从而有利于有机物的分配。Bibby 和 Mercier [61]用环式糊精改性介孔硅材料(CD—HMS)吸附分离水中芳香化合物(对硝基苯酚，对硝基苯胺，邻硝基苯酚，对氯苯酚和苯酚)。实验结果表明，CD—HMS 可以有效地选择性吸附水中有机物，并且在苛刻的条件下作为环境友好材料应用于工业废水处理中。环式糊精是一种环状低聚糖含有六个或者更多的 D一吡喃(型)葡萄糖。这些分子组成的圆锥型结构导致其产生良好的憎水空穴。α 型环式糊精的圆锥上下面的直径分别为 5.3Å 和 4.7Å，β 型环式糊精的圆锥上下面的直径分别为 6.5 Å 和 6.0Å，γ 型环式糊精的圆锥上下面的直径为 8.3Å 和 7.5Å。这种形式的结构可以有效地选择性吸附水中有机物。Sawicki 和 Mercier[62]也用环式糊精改性介孔硅材料去除水中的杀虫剂(六氯环己烷型、六氯二环庚烯型和 p，p 取代联苯型杀虫剂)。当介孔硅材料中的环式糊精负载量超过一定量时，杀虫剂则不能扩散进入孔道中被吸附去除。因此环式糊精的负载量有一个最佳的范围。该材料可以作为色谱分析柱来分析微量的杀虫剂。

Inumaru 等人[63]则用辛基硅烷改性介孔硅材料去除水中壬基酚，相比较活性炭而言，辛基硅烷改性的介孔材料对壬基酚具有较好的去除效果，而对苯酚则没有明显的效果。另外，烷基的链越长对壬基酚的去除效果越好，由于憎水性的增加，这种烷基改性的介孔材料可以被设计成分子选择性分离吸附剂。

对于离子型有机物的吸附，固体表面的电荷密度是吸附的关键因素。离子型有机物与功能化 MCM-41 的作用程度因诸如溶液 pH 等因素的变化而改变，因为 pH 控制着功能化 MCM-41 的表面电荷和有机物离子形态的比例，溶液离子强度和离子组成也影响离子型有机物的吸附，尤其当无机离子与有机离子竞争成键位点时影响较大。

Yan 等人[64]直接用混合的方法制备嘧啶改性的介孔硅材料去除水中茜素红 S，活性艳红 X-3B 和活性黄 X-RG，实验结果表明嘧啶改性的介孔硅材料相比较活性炭，壳质素和壳聚糖等可以有效快速去除水中的酸性染料物质。这种吸附作用属于染料与质子化嘧啶官能团之间的离子作用。从吸附等温线可以推出，活性黄 X-RG 的吸附由于染料间的氢键作用产生了多层吸附，而茜素红 S 和活性艳红 X-3B 的吸附属于单层吸附。

Yan 等人[65]同时用共缩聚的方法制备了不同孔径大小和高密度羧基官能团的介孔硅材料来去除水中的碱性染料(亚甲基蓝，酚藏花红和夜蓝)。由于制备的材料具有较大的比表面积，较稳定的羧基官能团和大量的吸附位，对水中的碱性染料具有较高的吸附能力。吸附饱和的吸附剂可以简单地用酸溶液恢复吸附能力。所有染料吸附符合 Langmuir 吸附等温式。

1.2.6 功能化介孔硅材料对水中无机阴离子的吸附

在中性 pH 条件下，MCM-41 由于表面含有—SiOH 和—Si—O—Si—官能团，其表面带负电荷，因此对溶液中无机阴离子的吸附，需要通过改性使 MCM-41 的表面带正电荷。Yokoi 等人[66]用 Fe^{3+} 配位氨基改性的 MCM-41(Fe/NN-MCM-41)去除水中有毒阴离子即砷酸根、铬酸根、硒酸根和钼酸根。发现改性后 MCM-41 的结构受到一定的破坏并且比表面积和孔径大大减少，其对各个有毒阴离子的最大吸附量分别为 1.56 mmol/g、0.99 mmol/g、0.81 mmol/g 和 1.29 mmol/g。当阴离子的初始浓度小于 1 mmol/L 时，各种阴离子均能完全被吸附去除，其分配系数达到 200 000。当水中存在其他竞争阴离子如 NO_3^-，SO_4^{2-}，PO_4^{3-} 和 Cl^- 时，PO_4^{3-} 对有毒阴离子的吸附影响最大，而 NO_3^-、SO_4^{2-} 和 Cl^- 的影响较小，除了 SO_4^{2-} 对硒酸根的影响较大。这种改性吸附剂对有毒阴离子的高效去除率和选择性是由于 Fe^{3+} 与阴离子的特殊作用。吸附饱和的吸附剂可以用酸进行恢复，最大吸附量可恢复 87%～90%。吸附过程如图 1.3 所示。

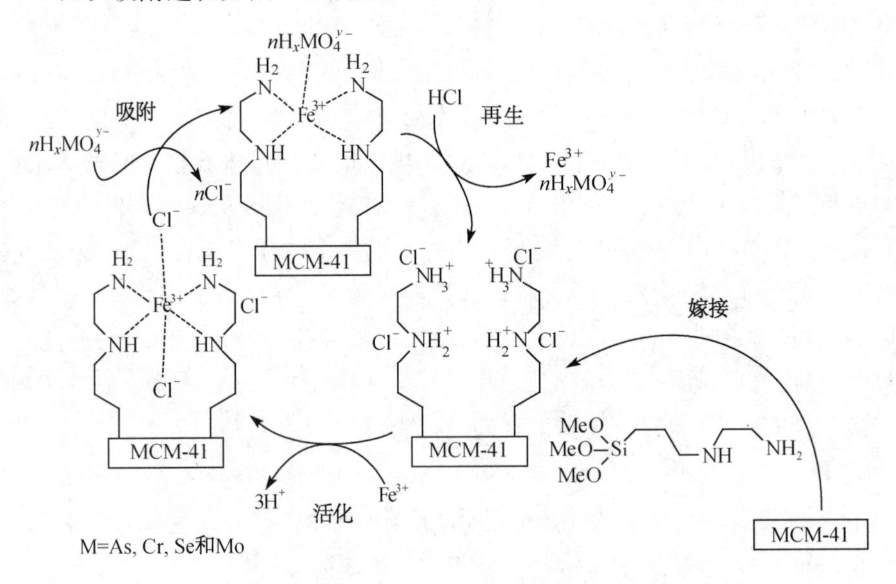

图 1.3 阴离子在 Fe/NN-MCM-41 的吸附过程[66]

Jang 等[67]则在制备 SBA-15 的过程中负载不同量的氧化镧去除水中的砷酸根。当镧的负载量达到 50%(质量比)时，SBA-15 对砷酸根的去除效果最好，并且是镧负载活性三氧化铝和硅胶的 10 和 14 倍。吸附符合 Langmuir 等温线。吸附机理是氧化镧在中性 pH 时表面带大量的正电荷而产生的静电作用。

Kim 等人[68]用季铵型的 N-((三甲氧基硅烷)丙基)-N，N，N-三甲基氯化铵和 N-((三甲氧基硅烷)丙基)-N，N，N-三丁基氯化铵来改性 SBA-15 去除水中的高氯酸根。发现改性后的 SBA-15 在 10 min 内快速地达到吸附平衡。混合改性的 SBA-15 对高氯酸根的最大吸附量是单一改性的 1.14～1.39 倍。

Wang 等人[69]先用3-氨丙基三乙氧基硅烷改性 SBA-15 和 MCM-41,然后再用无水葡萄糖改性得到表面含有多羟基吸附剂去除水中的硼离子。吸附符合 Langmuir 等温线,最大吸附量分别为 0.63 mmol/g 和 0.25 mmol/g。盐水中的其他金属离子如 Mg^{2+}, Ca^{2+}, K^{+}, Na^{+} 和 Li^{+} 对吸附剂吸附硼离子没有影响,因此,多羟基改性的 SBA-15 和 MCM-41 可以用来有效地分离水中的硼离子。

1.2.7 功能化介孔硅材料对水中重金属的吸附

重金属在水体中不能被生物降解,只能在各种形态之间相互转化、分散和富集,在水中以化合物或离子形态存在。重金属离子由于带正电荷,在水中易被带负电荷的胶体粒子所吸附。此外,还可以相互转化,如无机汞转化为有机汞。重金属废水的处理方法可分为物理法、化学法及生物法。目前采用的常规方法有化学沉淀法、萃取法、膜分离法、电解处理法、生化法、离子交换法和吸附法等[70]。而使用常规的处理方法,却难以有效地去除水中的痕量重金属。功能化 MCM-41 对水中重金属的吸附,主要是利用表面嫁接的巯基或者氨基等进行配位络合,因而在实现金属离子的选择性吸附方面有很好的应用前景。

Pérez-Quintanilla 等人[71]先用3-氯丙基三乙氧基硅烷改性 SBA-15 和 MCM-41 得到含有氯基官能团的介孔材料,然后用2-巯基噻唑啉改性新得到的 SBA-15 和 MCM-41 来去除水中汞离子。最大吸附量分别为 1.10 mmol/g 和 0.7 mmol/g。同时,Pérez-Quintanilla[72]用2-巯基吡啶和3-氯丙基三乙氧基硅烷改性 SBA-15 去除水中 Cr(Ⅵ)离子,在最佳条件下最大吸附量为 0.35 mmol/g。通过 XRD 研究表明官能团嫁接主要发生在介孔通道中,并且改性后的 SBA-15 的结构未发生变化。改性后的 SBA-15 的比表面积,孔容和孔径都明显减小。另外,Pérez-Quintanilla 等人[73]用5-巯基-1-甲基-1-氢-四唑(5-mercapto-1-methyl-1-H-tetrazol)改性介孔硅基材料作为固相提取剂提取水中的 Pb^{2+},在提取 1000 mL 含有 2.41×10^{-4} mmol/L 的 Pb^{2+} 时(富集倍数 200),用 5 mL 的 1 mol/L HCl 进行洗涤,回收率为 100%。然后用火焰原子吸附光谱法测定,方法检测限为 3.52×10^{-3} mmol/L,定量限为 4.20×10^{-3} mmol/L,三次试验的相对标准偏差为≤2%。用此改性剂改性 MCM-41 来吸附水中的 Zn^{2+}[74],发现吸附的最佳条件在 pH 为 8 时,最大吸附量为 1.59 mmol/g。这是由于在 pH 为 8 时,官能团中的氮原子和硫原子均参与了与 Zn^{2+} 配位,而在低 pH 时,只有硫原子参与了配位。溶液中存在的乙醇和其他金属离子如(Cu^{2+}, Mn^{2+}, Ca^{2+} 和 Mg^{2+})对改性的 MCM-41 吸附 Zn^{2+} 没有多大影响。再生三次后的吸附效果变化不大。

Liu 等人[75]用巯基和氨基改性 SBA-15 去除水中的重金属,发现巯基改性的 SBA-15 对 Hg^{2+} 去除效果最好,而氨基改性的 SBA-15 则能有效地去除水中 Cu^{2+}, Zn^{2+}, Cr^{3+} 和 Ni^{2+}。

Mercier 和 Pinnavaia[55]用两种方法制备了不同的介孔硅材料(MCM-41 和 HMS-C8 和 HMS-C12),然后用3-巯丙基三甲氧基硅烷改性介孔硅材料去除水中的 Hg^{2+}。HMS-C12 和 HMS-C8 得到最大饱和吸附量分别为 1.5 mmol/g 和 0.55 mmol/g。而 MCM-41 为 0.59 mmol/g。MCM-41 吸附汞离子的速率比 HMS-C12 和 HMS-C8 慢很多,由于

MCM-41 的颗粒尺寸(70%>3 μm)比 HMS-C12 和 HMS-C8 的颗粒尺寸大(1 μm)。另外巯基改性的 HMS-C12 对汞离子的吸附量最大是由于具有较大的孔径和孔容,以及较多的巯基含量。Nooney 等人[76]用共缩聚法制备 3 -巯丙基三甲氧基硅烷改性介孔硅基材料(HMS)去除水中的汞离子和银离子。发现对汞离子的吸附随着嫁接量的不同而不同,最大吸附量为 0. 24～1. 26 mmol/g。而银离子的吸附没有汞离子吸附强,最大吸附量为 0. 89 mmol/g 。在含有汞离子和银离子混合溶液中,吸附剂对汞离子的吸附选择系数为 1. 39～2. 24 。张翠等人[77]则用 3 - 巯丙基三甲氧基硅烷改性的 MCM-41 去除水中 Pb^{2+},其最大吸附量为 0. 18 mmol/g。

Walcarius 和 Delacôte[78]则研究了 pH 对巯基改性的介孔材料吸附汞离子的影响,在 pH 低于 4 时,对汞离子的吸附随 pH 的升高而升高。作者认为的吸附机理如下。在 pH<4 时,巯基与汞络合后,表面带正电,由于静电的作用,对溶液中的汞离子产生排斥作用。另外一种可能是,Hg^+, NO_3^- 占据的空间是 HgOH 的两倍多,从而降低了汞离子的吸附。而通过氮气的吸附脱附试验表明,"—S—Hg^+, NO_3^-"形成的空间位阻影响并不大。

Evangelista 等人[79]用 2 - 巯基噻唑啉改性介孔硅胶去除水中汞离子,吸附符合 Langmuir 等温线,最大吸附量为 2. 34 mmol/g。吸附机理如图 1. 4。

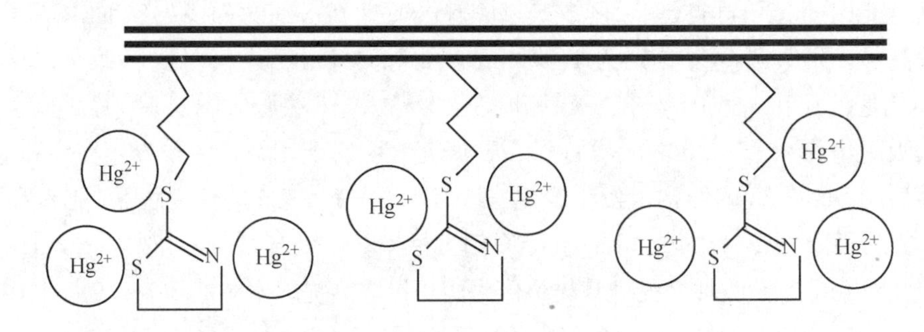

图 1. 4 汞离子在功能化介孔硅胶上的吸附[79]

Bois 等[80]用共缩聚的方法制备了含有不同官能团的多孔硅材料去除水中的重金属。官能团分别为氨丙基($H_2N(CH_2)_3$—)、(氨基乙烷基)氨丙基(H_2N—$(CH_2)_2$—$NH(CH_2)_3$—)、(2 - 氨乙烷氨基)乙烷氨丙基(H_2N—$(CH_2)_2$—NH—$(CH_2)_2$—$NH(CH_2)_3$—)和巯丙基(HS—$(CH_2)_3$—)。(氨基乙烷基)氨丙基和(2 - 氨乙烷氨基)乙烷氨丙基改性的多孔硅材料对水中的 Cu^{2+}、Ni^{2+}、Co^{2+} 和 Cr(Ⅵ)具有较高的吸附能力,而巯丙基官能团对 Cd^{2+} 有较大的吸附能力。Sales 等人[81]在硅胶上先接枝 3- 氯丙基三甲氧基硅烷,然后再与氨甲基吡啶反应,生成具有氨基和吡啶官能团的吸附剂,然后用该吸附剂吸附水中的二价金属离子,发现吸附符合 Langmuir 模型。对 Cu^{2+}、Ni^{2+}、Zn^{2+}、Co^{2+} 的最大单层吸附量分别为 0. 75 mmol/g、0. 40 mmol/g、0. 22 mmol/g 和 0. 67 mmol/g。

Li 等人[82]在 SBA-15 上嫁接咪唑官能团吸附去除水中的六价铬离子,发现最大吸附量为 113 mg/g,吸附速率在 1h 内达到平衡,吸附符合 Langmuir 等温线,吸附过程主要靠静电作用。

Lam 等人[83]在 MCM-41 上嫁接氨丙基和羧基选择性分离水中的 $Cr_2O_7^{2-}$ 和 Cu^{2+}。嫁接后 MCM-41 的结构在一定程度上受到破坏，并且比表面积和孔径均减少。在单组分和双组分的吸附试验中，pH 小于 3.5 时，NH_3^+-MCM-41 可以 100%地吸附水中 $Cr_2O_7^{2-}$ 并不吸附 Co^{2+}、Cu^{2+}、Ni^{2+}、Zn^{2+}、Ag^+、Pb^{2+}、Hg^{2+} 和 Cd^{2+}。而 COO^- Na^+-MCM-41 在 pH1.5～5.5 之间仅仅能吸附 Cu^{2+}。$Cr^2O_7^{2-}$ 在 NH_3^+-MCM-41 的吸附是两个氨丙基吸附一个 $Cr_2O_7^{2-}$，而 Cu^{2+} 在 COO^- Na^+-MCM-41 上的吸附是五个羧基吸附一个 Cu^{2+}。吸附机理如图 1.5。

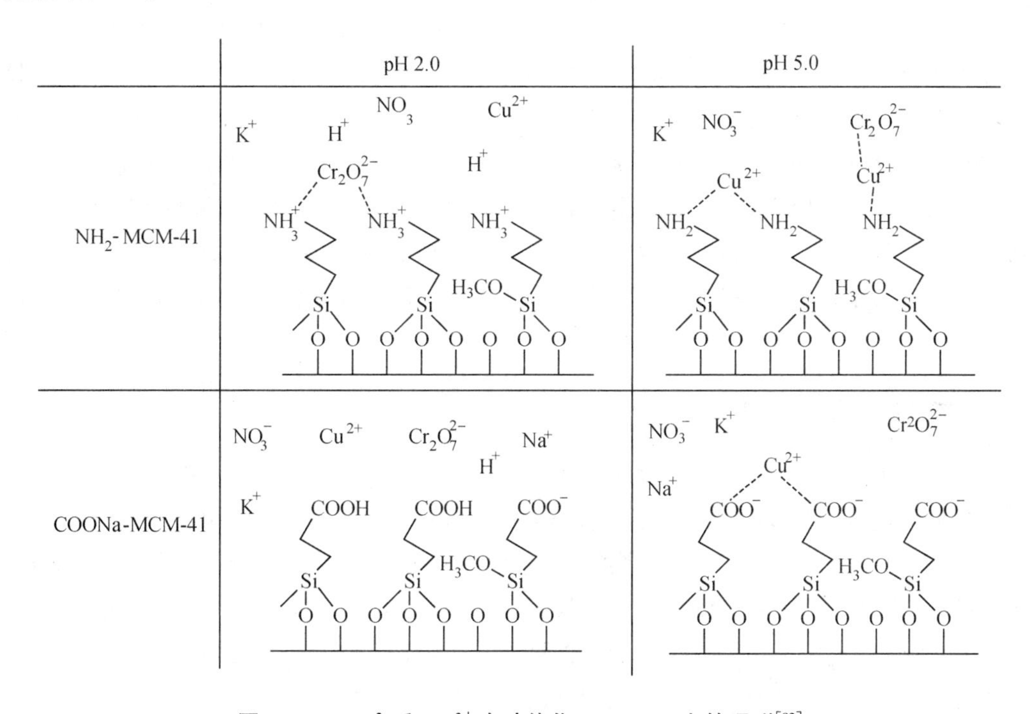

图 1.5 $Cr_2O_7^{2-}$ 和 Cu^{2+} 在功能化 MCM-41 上的吸附[83]

Lam 等人[84]又在 MCM-41 上嫁接氨丙基和巯基来选择性分离溶液中的金离子。发现 NH_2-MCM-41 和 SH-MCM-41 能 100%地从 Au^{3+}/Cu^{2+} 和 Au^{3+}/Ni^{2+} 混合液中分离 Au^{3+}。NH_2-MCM-41 适合应用于矿山废水中吸附分离 Au^{3+}，而 SH-MCM-41 更适合应用于电镀废水中吸附分离 Au^{3+}。再生后的吸附剂仍然保持良好的吸附容量。

1.3 课题研究的目的、意义和主要内容

1.3.1 研究的目的和意义

常规的吸附材料如活性炭吸附在水处理中应用已有多年，然而在回收分离特定污染物时，活性炭由于对水中大部分有机污染物具有广谱的吸附效果，而不能有效地分离提纯目标

污染物。特别对于水中低浓度的目标污染物，难于竞争其他污染物而被活性炭吸附去除。因此，寻找和制备选择性吸附剂对去除水中低浓度污染物和应用于光谱分析中具有重要的研究意义。

介孔氧化硅材料是一种新颖的纳米结构材料，由于它是在分子水平上通过自组装方式合成的，具有规则可调的孔径分布，是一种理想的选择性吸附材料，而改性后的有序介孔材料能够显示出改性前所不具备的特性，其对于混合物的吸附分离有着良好的处理效果。到目前为止，有关介孔硅材料的合成方式、合成条件、孔径影响因素、材料的结构表征以及其合成机理等方面已有大量的研究。对于该材料的应用主要集中在石油催化、气体分离和化工合成等领域，而应用于水处理中还处于一个初步探索阶段，因此也是目前介孔硅材料应用环境领域中的发展方向之一。

因此，本课题以介孔硅材料 MCM-41 和 SBA-15 为基础，开发出适用于不同类型污染物的吸附剂，为介孔硅材料应用于环境领域提供可靠的理论依据，并在其基础上，重点研究其功能化设计过程，旨在提高现有吸附剂的选择性和吸附容量，通过考察改性后该材料去除水中各种特定污染物的效果与机理，为水质安全提供有效的技术保障，而且对于特殊的水污染状况提供了吸附剂的解决方法和途径。

1.3.2 研究的主要内容

针对以上提出的问题，本研究以介孔硅材料 MCM-41 和 SBA-15 为研究主线，考察该材料在水处理过程中的实用性，同时，针对不同水质，对 MCM-41 进行功能化设计，比较了改性前后该材料对特定污染物的去除能力。具体研究内容包括以下几个方面：(1)考察介孔材料 MCM-41 对水中特定有机污染物的吸附情况，并得出该材料对有机污染物选择性吸附作用的初步结论；(2)用三甲基氯硅烷改性 MCM-41，吸附不同类型的硝基类化合物，研究该类型有机物在 CH_3-MCM-41 上的吸附机理，并为建立分析该类型的痕量有机物提供参考；(3)研究 SBA-15 吸附水中不同数量氯取代基的氯酚，探讨氯酚类有机物的吸附机制；(4)研究 SBA-15 吸附水中不同种类磺胺药物的性能，揭示 SBA-15 吸附磺胺药物的规律，分析其可能的吸附机理；(5)用 3-氨丙基三甲氧基硅烷改性 MCM-41，详细考察其吸附水中酸性染料的情况，并采用吸附动力学方程考察染料在氨基化 MCM-41 上的吸附机制；(6)用3-巯丙基三甲氧基硅烷改性 MCM-41，详细考察吸附剂选择性吸附水中汞离子的情况。

第 2 章　MCM-41 对水中硝基苯的吸附

硝基苯(Nitrobenzene, NB)被广泛地应用于染料、塑料、杀虫剂、炸药、医药和化学合成中间反应物等制造业中,由其产生的生产废水大部分直接排放到水体中,由于硝基苯在自然环境中难降解,对水体生物和人体健康都有一定的危害[45, 85]。因此,研究人员开发了多种控制技术来处理硝基苯废水,如吸附、臭氧氧化和高级氧化技术[48, 86−88]等。其中,活性炭吸附技术被认为是一种最经济和有效的处理方法[7]。然而,活性炭存在易燃并且再生比较困难的缺点,同时水体中存在的其他有机物能竞争吸附位,使其不易回收硝基苯或者吸附低浓度的硝基苯。因此,寻找一种可克服活性炭缺点并能选择性吸附硝基苯的吸附剂具有重要的实际意义。

水中有机污染物在硅材料上的吸附已得到大量研究[44, 89−91]。硅材料如沸石、石英砂和黏土在自然界中广泛存在,并且作为环境友好材料应用于环境处理中。为了提高这些硅材料对吸附质的吸附能力,研究人员开始在硅材料表面上用阳离子表面活性剂进行改性[92, 93]。改性后的硅材料对水中有机污染物如全氯乙烯、莠去津、林丹和二嗪农的去除表现出良好的吸附性能。另外,由于该材料具有较大的比表面积和较高的憎水性[11, 12],合成有序介孔硅材料应用于催化、催化剂载体、化学传感器、吸附剂和电子光学仪器也得到了人们的广泛关注。其中 MCM-41 作为有序介孔分子筛 M41S 系列的一种,具有大的比表面积,较窄的孔径分布,有序的六角圆柱型孔径和一定的憎水性,并广泛地应用于择形催化,选择性吸附和分离,化学传感和纳米技术等[12]。最近,Cooper 和 Burch 发现 M41S 对水中的氰尿酸和对氯苯酚具有较好的吸附性能,并且吸附剂可以通过臭氧氧化再生[19]。另外,Wang 等人发现 MCM-22 可以有效地去除水中的甲基蓝、结晶紫和罗丹明 B[20]。然而,迄今为止,没有报道指出可以用 M41S 选择性吸附去除水中的硝基苯,这对开发 M41S 应用于其他领域具有重要的参考价值。

本章的目的是选择 MCM-41 作为硝基苯的吸附剂考察其吸附性能。首先,考察硝基苯在不同初始浓度时的吸附动力学,从而确定吸附平衡时间;其次,在不同温度下,考察硝基苯的吸附等温线并计算热力学参数;再次,考察 pH、离子强度、阳离子种类、腐殖酸和有机溶剂对 MCM-41 吸附硝基苯的影响并探讨 MCM-41 吸附硝基苯的可能机理;最后,根据硝基苯的脱附实验确定吸附过程是否可逆。

2.1　MCM-41的表征

通常采用XRD谱图中(100)面的衍射峰高表示晶体的有序度,衍射峰较强,表明晶体的有序度较高,衍射峰较弱或者半峰宽较宽,表明晶体的有序度较低或者粒度较小,而当XRD峰分辨不清以及峰值极小,表示试样中存在短程的六方对称或者含有一定量的无定型二氧化硅[15]。图2.1表示酸性和碱性条件下制备MCM-41的XRD图。从图中可以看出,在酸性条件下合成的MCM-41在$2\theta=2.08°$只显示出较弱的(100)面衍射峰,该峰是介孔材料的特征衍射峰,对应的面间距$d_{100}=4.24$ nm,晶胞参数a_0($a_0=2d_{100}/\sqrt{3}$)为4.90 nm,而MCM-41的标准XRD谱图上存在(100)面、(110)面和(200)面3个特征衍射峰[14],说明在酸性条件下制备的MCM-41结晶度很低,属于短程无序的六方形介孔材料。

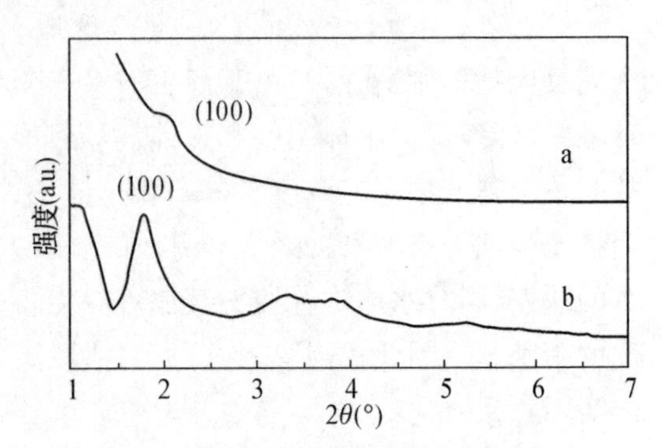

图2.1　MCM-41的XRD图谱(a)酸性条件和(b)碱性条件

而在碱性条件下制备的MCM-41在2θ为1.80°有较强的衍射峰,并且在3.38°和3.96°也有较强的衍射峰,分别对应于(100)、(110)和(200)晶面,这与文献报道的具有六方对称特征的典型介孔材料MCM-41的特征衍射峰相符合[14],表明碱性条件下所合成的MCM-41具有长程有序的六方形介孔结构并且结晶度好。计算得出的面间距d_{100}为4.92 nm,晶胞参数a_0为5.68 nm。

图2.2表示酸性和碱性条件下制备MCM-41的N_2吸附-脱附等温线。图2.3是由N_2

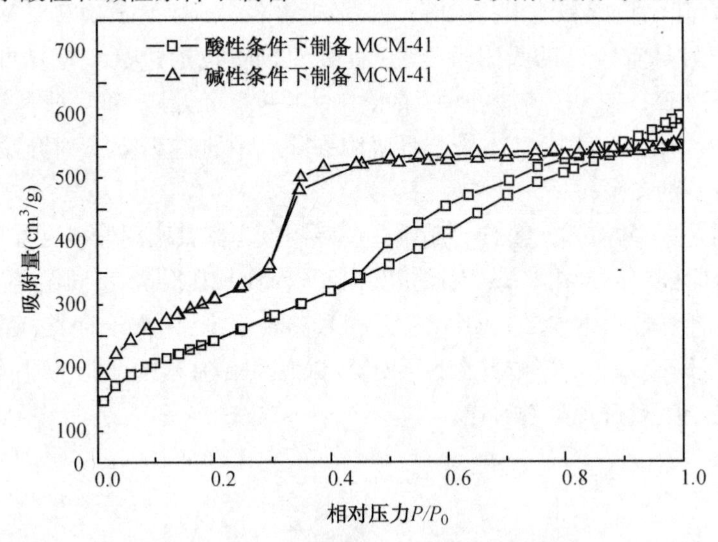

图2.2　MCM-41的N_2吸附-脱附等温线

吸附-脱附等温线经 BJH 计算方法得到酸性和碱性条件下制备 MCM-41 的孔径分布曲线。

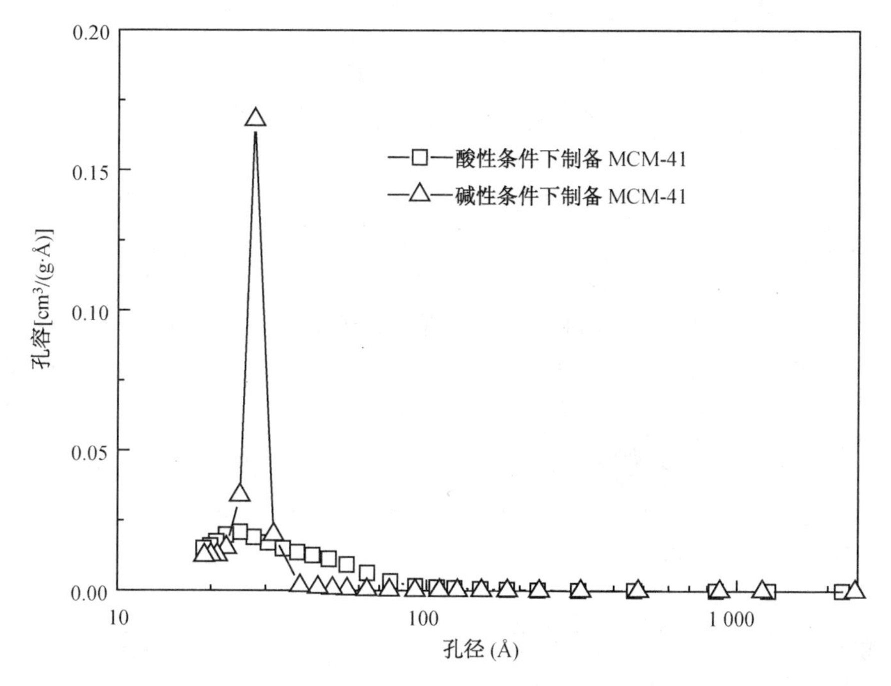

图 2.3　MCM-41 的 BJH 孔径分布图

从图 2.2 可以看出，酸性条件下和碱性条件下制备的 MCM-41 呈现标准的 Langmuir Ⅳ型等温线，是典型的介孔结构特征，并且两者 N_2 吸附-脱附等温线的形式有明显区别。对于碱性条件下制备的 MCM-41，在低分压段（$P/P_0<0.3$）时，N_2 的吸附量随 P/P_0 的升高呈线性增加，这是由于 N_2 在孔表面发生单分子层吸附所致。在 P/P_0 为 0.3～0.4 时，由于 N_2 的毛细管凝聚作用，N_2 的吸附量急剧增加。这一突跃位置取决于样品的孔径大小，发生突跃时的 N_2 分压值越大，则样品的孔径越大，反之亦然（酸性条件下制备 MCM-41 的为 0.45）。另一方面，此阶段 N_2 吸附量变化的大小可作为衡量介孔均一性的依据，即变化率越大则表明孔分布越均一，规整性越高。从图 2.3 可以看出，MCM-41 具有较窄范围的孔径分布。在 $P/P_0>0.4$ 时，N_2 吸附等温线出现一个相当宽的平台，吸附得到平衡，说明外部的比表面积较低并且介孔率可以忽略不计。而对于酸性条件下制备的 MCM-41，则没有出现明显的 N_2 吸附等温线平台，并且其在分压为 0.45 时，N_2 吸附的变化率不是很大，说明酸性条件下制备的 MCM-41 孔径分布不均匀，规整性不高。另外，在相对分压 P/P_0 为 0.5～1 之间，酸性条件下制备的 MCM-41 存在滞后环，说明介孔材料的孔径分布范围较宽。由 N_2 吸附等温线计算可得到酸性条件下 MCM-41 和碱性条件下 MCM-41 的 BET 比表面积分别为 712 m^2/g 和 942 m^2/g，孔容分别为 0.90 cm^3/g 和 0.88 cm^3/g，BJH 平均孔径分别为 4.34 nm 和 2.91 nm。

由图 2.3 的两种条件下制备的 MCM-41 孔径分布曲线可以看出，酸性条件下制备的 MCM-41 孔径分布范围为 1.9～100 nm，其最可几孔径为 2.48 nm，碱性条件下制备的

MCM-41 分布范围为 1.9～4.4 nm，其最可几孔径为 2.74 nm。因此，本试验中选择碱性条件下制备的 MCM-41 作为吸附剂。

2.2 MCM-41 对硝基苯的吸附效果

2.2.1 MCM-41 选择性吸附硝基苯的效果

由文献综述可知，全硅介孔材料 MCM-41 应用于水处理中吸附去除有机物的研究报道较少。由于其表面含有大量羟基一般用于水中酸性有机物的吸附去除，如赖氨酸[22]和柠檬酸[23]等，对于一些非极性有机污染物的去除效果较差[25]。另外，全硅介孔 MCM-41 的表面还含有大量的硅氧键，并且硝基苯类化合物易于与硅氧表面形成电子供体/受体作用而发生吸附。因此，利用全硅介孔 MCM-41 吸附去除水中的硝基苯具有良好的应用前景。通常情况下，水体含有多种共存有机污染物，为了考察 MCM-41 选择性吸附硝基苯的效果，实验中选择苯酚和对硝基苯酚作为吸附参考物，结果如图 2.4 所示。从图中可以看出，MCM-41 对硝基苯的吸附效果远大于对苯酚和对硝基苯酚的吸附效果，吸附能力依次为硝基苯＞对硝基苯酚＞苯酚，其 Langmuir 单层最大吸附量分别为 2.646 μmol/g、0.089 μmol/g 和 0.263 μmol/g。

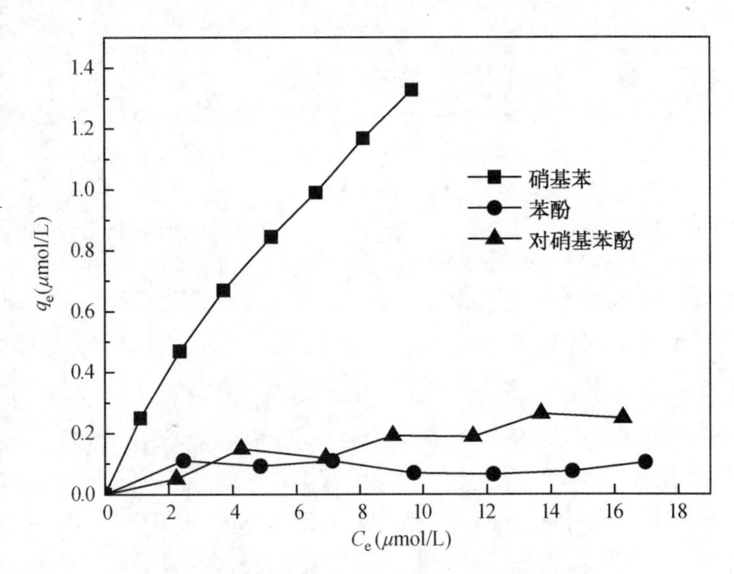

图 2.4 MCM-41 选择性吸附水中硝基苯的效果

Franz 等人[7]用活性炭吸附去除水中的硝基苯和苯酚，发现当硝基苯和苯酚的初始浓度为 20 g/L 时，活性炭对硝基苯的饱和吸附量是苯酚的 3.8 倍，空气改性活性炭对硝基苯的饱和吸附量是苯酚的 4.0 倍，氮气改性活性炭对硝基苯的饱和吸附量是苯酚的 2.8 倍。Zhou 等人[94]用活性炭吸附去除水中的硝基苯、苯酚和对硝基苯酚，发现其 Langmuir 单层最大吸附量分别为 4.06 mmol/g、3.26 mmol/g 和 2.34 mmol/g，活性炭对硝基苯的最大吸附量分别是苯酚和对硝基苯酚的 1.2 倍和 1.7 倍。本实验中，介孔材料 MCM-41 对硝基苯的最大吸附量分别是苯酚和对硝基苯酚的 30 倍和 10 倍。因此，可以看出，采用介孔材料 MCM-41 可选择性分离含有这三种物质溶液中的硝基苯。

2.2.2　时间对MCM-41吸附硝基苯的影响

饱和吸附时间是设计吸附剂应用于水处理中的重要参数之一。吸附剂的吸附速率越慢，饱和吸附时间就越长，越不利于吸附剂的应用。因为，在达到出水要求的条件下，饱和吸附时间越长，所需的停留时间越长或者所需的吸附剂越多。吸附剂的吸附速率和自身孔隙结构、吸附剂的用量、吸附质起始浓度、pH及吸附剂已达到的吸附饱和度等因素有关，不同的吸附速率达到吸附平衡的时间也不同，因此不管在实验或实际使用中都需要先确定达到吸附平衡的时间。

另外，溶液中存在的气体如 O_2 等可能对吸附剂的吸附能力产生影响。Vidic 和 Suidan[95] 发现当溶液中存在 O_2 时，活性炭能明显提高对邻甲酚、苯酚和邻氯苯酚等的吸附能力。此外，MCM-41也能吸附分离气体中 O_2[12]。因此在本实验前，考察了 O_2 和 N_2 对介孔材料MCM-41吸附硝基苯的影响。实验结果表明 O_2 的存在并不影响MCM-41对硝基苯的吸附能力，因此后续的实验均在常规操作条件下进行。

接触时间对MCM-41吸附硝基苯的影响如图2.5所示。从图中可以看出，在硝基苯初始浓度分别为 2 μmol/L、4 μmol/L 和 16 μmol/L 时，MCM-41对硝基苯的吸附在1 min内即达到吸附平衡，其平均去除率分别为72.6%、64.5%和56.1%。这种快速达到吸附平衡的情况表明硝基苯不需要扩散到微孔内，并且吸附发生在易于到达的吸附点位。一般来说，引起这种快速的吸附速率的原因是由于水中有机污染物和吸附剂之间的憎水作用[24]。另外，从图2.5中也可以看出，随着硝基苯初始浓度的增高，MCM-41对其去除率逐渐降低，这是由于吸附剂表面上只存在有限的吸附点位所导致的。

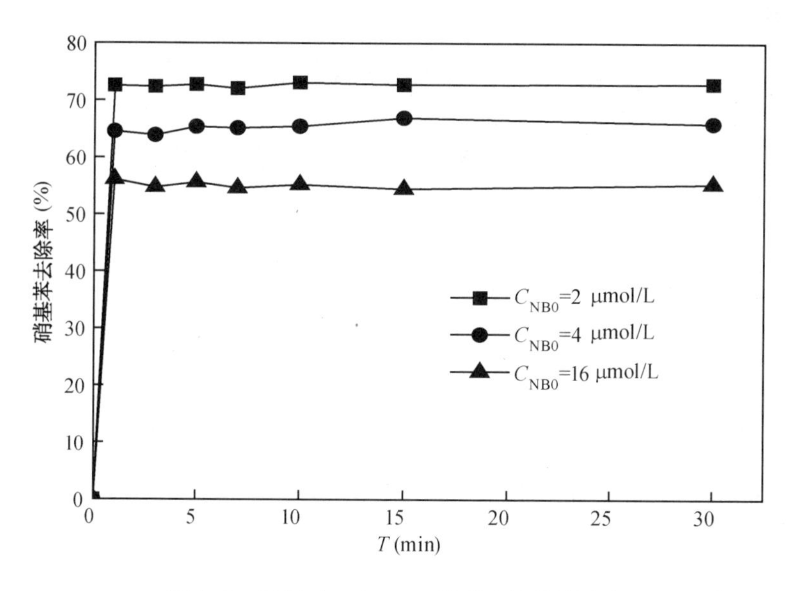

图2.5　时间对MCM-41吸附硝基苯的影响

2.2.3 平衡时间对 MCM-41 吸附硝基苯的影响

MCM-41 的热稳定性较高，但是在水分子存在的条件下，其稳定性较差，这是由于水分子可以进入 MCM-41 的结构中使 Si—O—Si 键发生水解，从而破坏 MCM-41 的结构[12]。在水溶液中，随着时间的增加，MCM-41 的结构破坏程度就越大。因此，实验考察了吸附平衡时间对 MCM-41 吸附去除硝基苯的影响，结果如图 2.6 所示。从图中可以看出，随着平衡时间的增加，MCM-41 对硝基苯的吸附量逐渐降低。当平衡时间从 1 h 增加到 4 h 时，MCM-41 对硝基苯的吸附量急剧下降，在硝基苯初始浓度为 17.5 μmol/L 时，吸附量从 1.82 μmol/g 降低到 1.28 μmol/g。当平衡时间从 4 h 增加到 48 h 时，MCM-41 对硝基苯的吸附量逐渐下降，在硝基苯初始浓度为 17.5 μmol/L 时，吸附量从 1.28 μmol/g 下降到 1.17 μmol/g。动力学实验表明，当平衡时间从 4 h 增加到 48 h 时，MCM-41 对硝基苯的吸附量平均每小时下降量为 0.3%。从图 2.6 中还可以看出，当吸附平衡时间增加时，MCM-41 对硝基苯的吸附减少量随着初始浓度的增加而增加，这是由于 MCM-41 上存在有限的吸附点位并且吸附点位随着吸附平衡时间的增加而减少。当平衡时间大于 48 h 时，MCM-41 对硝基苯的吸附量不再下降，因此，在后续的实验中，硝基苯的吸附平衡时间选择 4 h。

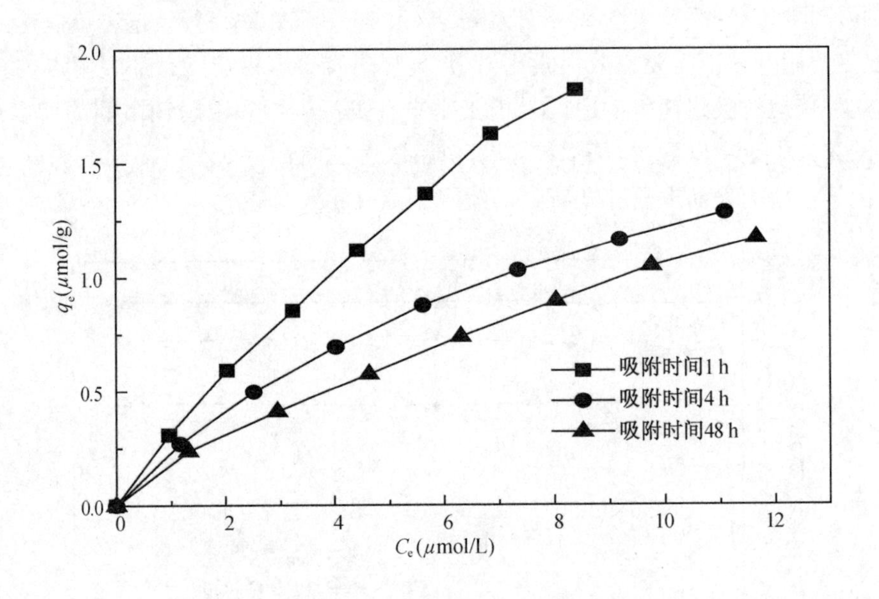

图 2.6 平衡时间对 MCM-41 吸附硝基苯的影响

2.2.4 MCM-41 吸附硝基苯的等温线

吸附等温线是设计吸附系统的重要指标之一。图 2.7 表示在温度分别为 278 K、288 K、298 K 和 308 K 下 MCM-41 吸附硝基苯的等温线。从图中可以看出，所有的吸附等温线均呈非线性，MCM-41 对硝基苯的吸附量随着温度的升高而降低。当温度从 278 K 升高到308 K 时，硝基苯的初始浓度为 17.5 μmol/L 时，MCM-41 对硝基苯的饱和吸附量从

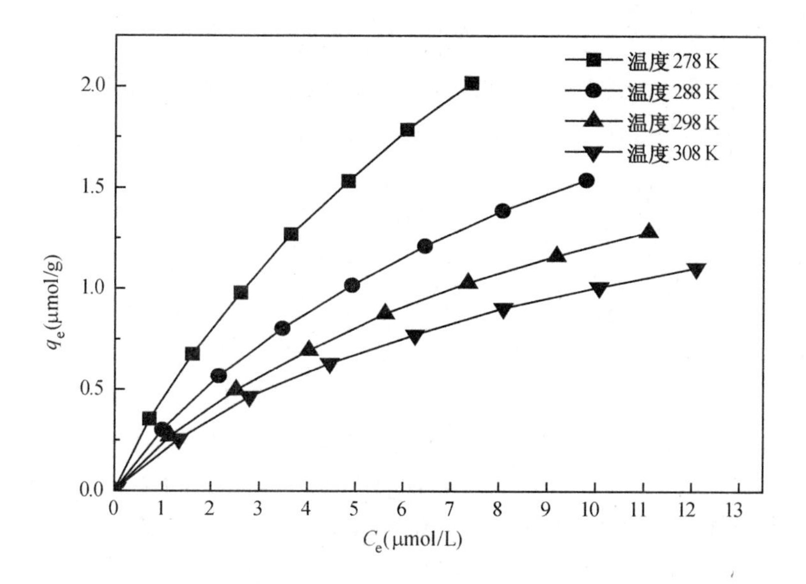

图 2.7　不同温度下 MCM-41 吸附硝基苯的等温线

2.018 μmol/g(去除率 57.7%)降低到 1.092 μmol/g(去除率 31.2%),这说明在低温下 MCM-41 更容易吸附硝基苯。为了描述吸附等温线,用 Langmuir 和 Freundlich 模型进行拟合,其等温线参数和线性回归系数如表 2.1 所示。从表中可以看出,Langmuir 和 Freundlich 模型均能有效地拟合吸附等温线。然而,从线性回归系数可以看出,Langmuir 模型相比 Freundlich 模型能更好地拟合 MCM-41 对硝基苯的吸附等温线。据此,可表明吸附剂表面是均匀的,吸附是单层吸附。

表 2.1　不同温度下 MCM-41 吸附硝基苯的等温线参数

温度(K)	Langmuir 模型			Freundlich 模型		
	Q_0 (μmol/g)	K_L (L/μmol)	R^2	K_F [μmol/g(L/μmol)$^{1/n}$]	$1/n$	R^2
278	3.705	0.143	0.998 8	0.463	0.75	0.998 0
288	2.682	0.126	0.999 5	0.317	0.71	0.995 8
298	2.142	0.124	0.999 3	0.255	0.69	0.995 0
308	1.841	0.117	0.999 8	0.217	0.67	0.9914

Langmuir 吸附模型平衡吸附量 q_e 和液相平衡浓度 C_e 的关系为:

$$q_e = \frac{Q_0 K_L C_e}{1 + K_L C_e} \tag{2.1}$$

式中:q_e 为平衡吸附量;Q_0 为单位吸附剂表面覆盖单分子层时的最大吸附量;K_L 为吸附系数,与温度及吸附热有关。

Freundlich 吸附模型平衡吸附量 q_e 和液相平衡浓度 C_e 的关系为:

$$q_e = K_F C_e^{1/n} \tag{2.2}$$

式中：K_F 是 Freundlich 吸附系数，与吸附剂的性质和用量、吸附质的性质以及温度等有关；n 是 Freundlich 常数，与吸附体系的性质有关，表示不同种类吸附剂中多种组分吸附溶质时自由能的不同。

另外，从表 2.1 可以看出，MCM-41 吸附硝基苯的单层最大吸附量随着温度的升高而降低，在 278 K 的最大吸附量为 3.705 μmol/g，在 308 K 的最大吸附量为 1.841 μmol/g。这种最大吸附量随着温度变化的原因可能是由于 MCM-41 在温度较高的水溶液中结构不稳定造成的。在较高温度的水溶液中，MCM-41 的表面由于吸附了水分子，使硅氧键发生水解，导致 MCM-41 的结构由于机械压缩作用而发生塌陷，从而造成 MCM-41 比表面积降低和表面吸附点位的减少[12]。此外，当吸附是放热过程时，吸附质会随着温度的升高将倾向于从吸附剂表面解析下来。因此，由于增加温度所提供的额外能量将促进吸附质的脱附。

硝基苯在 MCM-41 上的吸附自由能（ΔG^0）将利用 Langmuir 吸附等温式中的吸附系数（K_L）进行计算，计算公式如下：

$$\Delta G^0 = -RT\ln K_L \tag{2.3}$$

式中：R（8.31 J/mol K）为气体常数；T（K）为溶液的温度。经过计算，得出 ΔG^0 从－27.4 kJ/mol 变化到－29.9 kJ/mol。所有的 ΔG^0 均为负值，说明吸附是可行的并且是自发进行的。焓变（ΔH^0）和熵变（ΔS^0）并不能通过计算得出，因为根据 K_L 与焓（ΔH）的函数关系，$\ln K_L$ 与 $1/T$ 并不成线性关系。

2.2.5 pH 对 MCM-41 吸附硝基苯的影响

溶液 pH 是影响吸附过程的重要参数之一，pH 不仅影响吸附剂表面化学性质，而且还影响可电离物质的存在状态。实验中考察了硝基苯初始浓度为 17.5 μmol/L 时，pH 从 1.0 升高到 11.0 对 MCM-41 吸附硝基苯的影响，结果如图 2.8 所示。从图中可以看出，硝基苯的最大吸附量随着 pH 的升高而降低。在 pH 为 1.0 时，硝基苯的去除率为 54.3%（吸附量 1.90 μmol/g），而在 pH 为 11.0 时，硝基苯的去除率仅仅为 18.1%（吸附量 0.63 μmol/g），这说明在酸性条件下 MCM-41 更容易吸附硝基苯。

有机物在固体表面上的吸附一般认为有六种吸附机理（静电吸引、离子交换、离子偶极作用、表面金属阳离子络合作用、氢键和憎水作用）[51]。由于硝基苯是非离子有机物，因此，静电作用和离子交换作用可以忽略不计。带电表面与非离子硝基苯之间的离子偶极作用也可以忽略不计。而表面金属阳离子的络合作用只发生在有机配位体比水是更好的电子供体时。因此，推测硝基苯在 MCM-41 上的吸附机理应该是氢键作用和憎水作用。因为硝基苯是非电离物质，所以 pH 只影响 MCM-41 表面带电情况，根据实验测定得到 MCM-41 的 pH_{zpc} 是 2.5。当氢键作用是主导作用时，硝基苯在 MCM-41 上的最大饱和吸附量应该在 pH_{zpc} 左右，因为此时吸附剂表面的羟基最多[51]。从图 2.8 可以看出，硝基苯的最大吸附量是随着 pH 的升高而一直降低，从而可以推断硝基苯与 MCM-41 表面的吸附作用应该不是

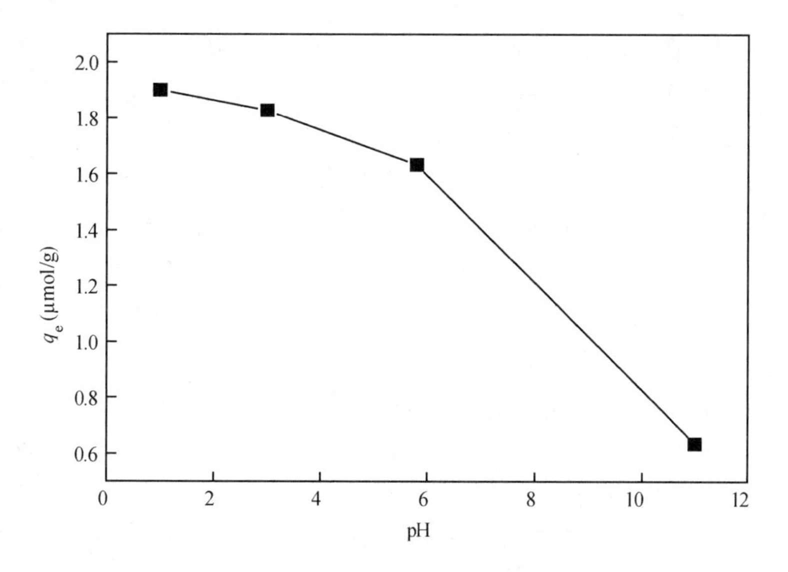

图 2.8　pH 对 MCM-41 吸附硝基苯的影响

氢键作用而是憎水作用。另外一种认为硝基苯在 MCM-41 上的吸附随着 pH 升高而降低的原因是 MCM-41 在酸性条件下比较稳定，而在碱性条件下，MCM-41 发生了水解导致 MCM-41 的憎水性降低和结构破坏[12]。因此，在后续的研究中，应该提高介孔材料 MCM-41 的水热稳定性或者合成高稳定性的介孔材料。

2.2.6　离子强度、阳离子和腐殖酸对 MCM-41 吸附硝基苯的影响

NaCl 常作为有机物吸附过程的促进剂，Fontecha-Cámara 等人[96]在 pH 4～10 的条件下考察了离子强度对活性炭纤维吸附敌草隆的影响，发现离子强度的增加能提高活性炭纤维对敌草隆的吸附。图 2.9 表示不同浓度的离子强度对 MCM-41 吸附硝基苯的影响。

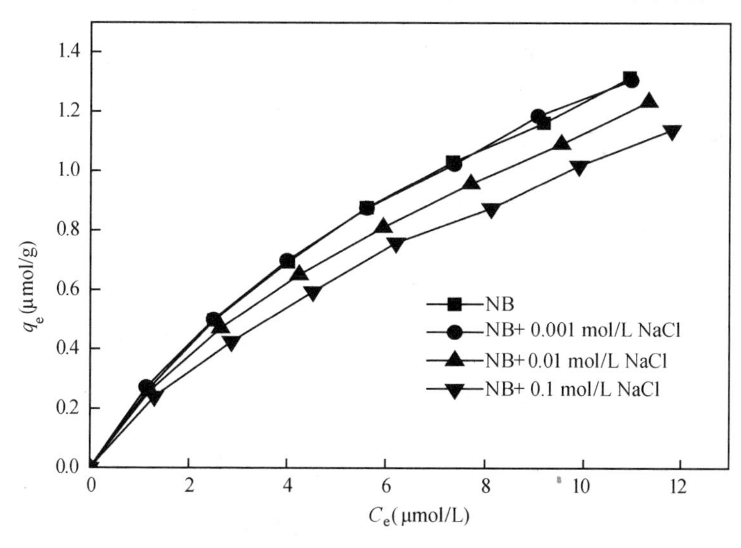

图 2.9　离子强度对 MCM-41 吸附硝基苯的影响

从图 2.9 中可以看出，硝基苯在 MCM-41 上的吸附效果随着离子强度的增加而降低。当离子强度分别为 0.001 mol/L，0.01 mol/L 和 0.1 mol/L 时，Langmuir 等温式的吸附系数(K_L)分别为0.128 L/μmol、0.127 L/μmol 和 0.116 L/μmol。因为硝基苯是弱极性憎水有机物，随着离子强度的增加，硝基苯的溶解度将减少。因此，增加离子强度应该能增加硝基苯在 MCM-41 表面上的分配。但是，该实验中离子强度的增加却降低了硝基苯的吸附。考虑到 pH_{zpc} 的大小，在 pH 为 5.8 时，MCM-41 的表面带负电。由于静电吸引作用，Na^+ 很容易被吸附到 MCM-41 的表面上。由此推断，NaCl 的加入占据了 MCM-41 的孔道从而阻碍了硝基苯的吸附。

不同阳离子对有机物在吸附剂上的吸附也有重要影响。Haderlein 和 Schwarzenbach[45] 发现当溶液中存在较强水合阳离子(Na^+，Mg^{2+}，Ca^{2+}，Al^{3+})时，高黏土基本不吸附硝基苯类化合物，而当溶液中存在弱水合阳离子(NH_4^+，K^+，Cs^+)时，高黏土吸附硝基苯类化合物随着阳离子水合自由能的降低而升高。Chen 等人[97] 发现当溶液中存在 Ag^+ 时可以提高黑炭对憎水有机化合物的吸附。水体中常见的阳离子(Na^+，K^+，Ca^{2+})对 MCM-41 吸附硝基苯的影响如图 2.10 所示。从图中可以看出，阳离子基本不影响 MCM-41 对硝基苯的吸附，其最大吸附量依次为 1.753 μmol/g、1.718 μmol/g 和 1.925 μmol/g。这种情况表明不同半径的水合阳离子虽然占据了不同大小的 MCM-41 孔道，但是并不影响硝基苯扩散进入孔道中发生吸附。这有利于 MCM-41 在苛刻的条件下吸附去除硝基苯。

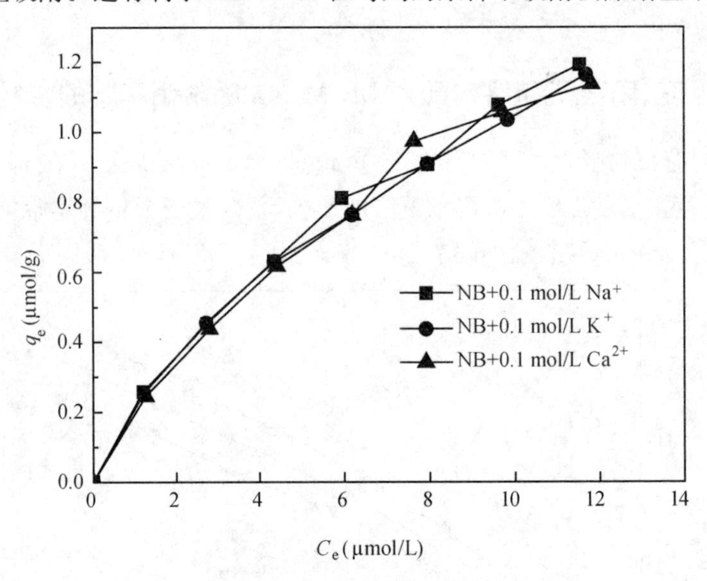

图 2.10 阳离子对 MCM-41 吸附硝基苯的影响

腐殖酸(Humic Acid, HA)常见于天然水体中，并且能阻碍多孔吸附剂如粉末活性炭(PAC)吸附水中痕量有机污染物，这主要由于其产生孔道阻塞作用和直接参与吸附点位的竞争吸附[98]。腐殖酸对 MCM-41 吸附硝基苯的影响如图 2.11 所示。从图 2.11 中可以看出，腐殖酸的存在(0～50 mg/L)并不影响硝基苯的吸附。当腐殖酸浓度分别为 10 mg/L 和 50 mg/L 时，其在 MCM-41 的饱和吸附量仅仅为 0.15 mg/g 和 0.26 mg/g。这可能是由于腐殖酸的分子尺寸较大的原因。当腐殖酸的尺寸大于 MCM-41 的孔径(4.3 nm)时,腐殖酸不能进入 MCM-41 的孔道发生孔阻塞和竞争吸附位,从而不能降低 MCM-41 对硝基苯的吸附。相似的结果也出现在用 Y 型沸石吸附水中的土腥素和 2-甲基异莰醇[99]。

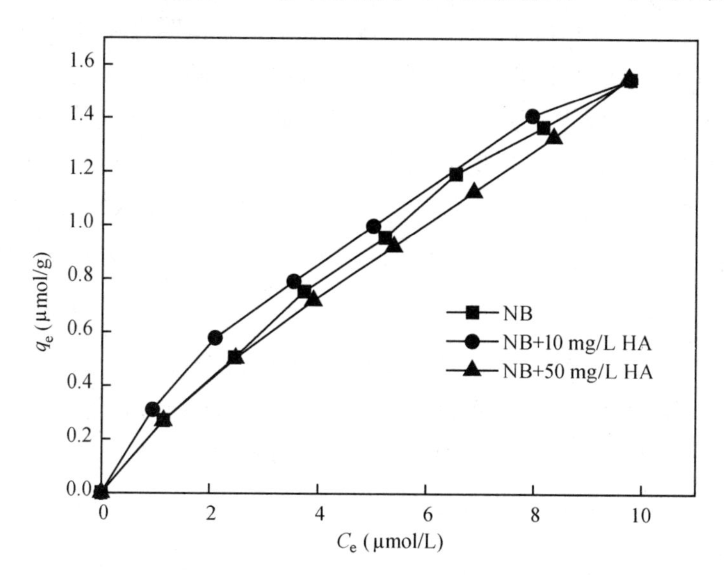

图 2.11　腐殖酸对 MCM-41 吸附硝基苯的影响

2.2.7　有机溶剂对 MCM-41 吸附硝基苯的影响

甲醇是具有氢键性质的亲质子溶剂,与丙酮相比较甲醇极性较弱,是偶极非质子性溶剂,不能作为氢键的供体。溶液中分别含有 10%甲醇和 10%丙酮对 MCM-41 吸附硝基苯的影响如图 2.12 所示。从图 2.12 中可以看出,溶液中加入溶剂明显降低了硝基苯的吸附。

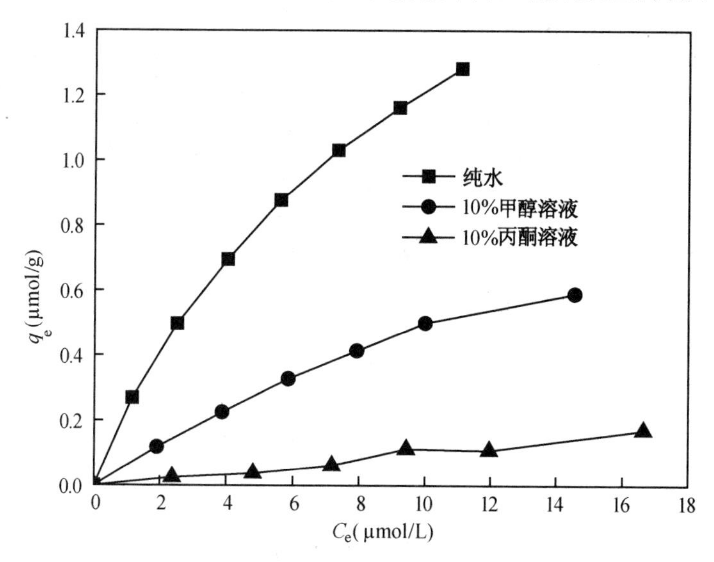

图 2.12　有机溶剂对 MCM-41 吸附硝基苯的影响

在水溶液中，甲醇溶液中和丙酮溶液中，最大单层吸附量分别为 2.14 μmol/g、1.88 μmol/g 和 0.63 μmol/g，表明丙酮比甲醇能更多地抑制硝基苯吸附。

有机溶剂的加入能增强有机溶剂与硝基苯的相互作用从而导致硝基苯吸附能力下降。这种原因归结于质子的亲和力和溶剂的溶剂效应。由于硝基苯是弱极性有机物，硝基苯与弱极性有机溶剂的作用强于极性有机溶剂。而憎水作用是硝基苯的主要吸附机理，则弱极性有机溶剂(丙酮)比极性有机溶剂(甲醇)对硝基苯的吸附抑制更明显。换句话说，提高硝基苯在有机溶剂中的溶解度将降低硝基苯吸附的驱动力。为了更好地认识硝基苯在 MCM-41 上的吸附，可以用助溶理论解释[100]。该理论基于平衡吸附分配系数(K_m)和有机溶剂体积分数(f_s)建立，方程式如下：

$$\log(K_{m,i}/K_{m,w}) = -\alpha\sigma f_s \tag{2.4}$$

式中：$K_{m,i}$ 和 $K_{m,w}$ (mol/g)分别为有机溶剂中和水中的分配系数，α 和 σ 分别是溶剂/溶质－固体表面和溶质－液相的作用系数。$\alpha\sigma$ 值越大，有机溶剂与硝基苯的作用就越大。根据(2.4)式得出 $\alpha\sigma$ 在甲醇和丙酮溶液中的值分别为 5.3 和 12.7，由此可以看出，丙酮相比较甲醇对硝基苯的吸附抑制作用更大。

2.2.8 脱附等温线

脱附是吸附的逆过程，是表示吸附质在吸附剂上吸附能力的大小。有机物在吸附剂上的吸附可逆性将影响有机物在水溶液中迁移过程。图 2.13 表示硝基苯的吸附-脱附等温线。从图 2.13 中可以看出，在 Milli-Q 水中，吸附和脱附过程没有滞后现象，说明吸附和脱附是可逆的过程，吸附上的硝基苯可以交换溶液中的水分子，脱附等温线可以用吸附等温线描述。然而用 0.1 mol/L 的 NaCl 溶液进行脱附时，吸附与脱附有明显的滞后现象。脱附

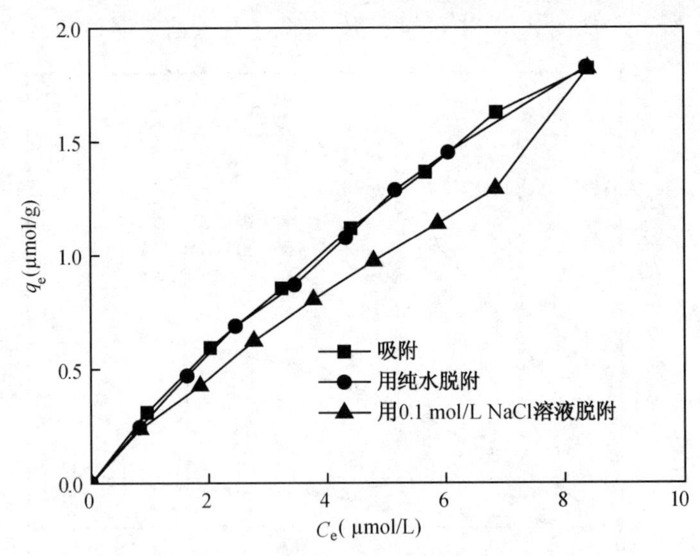

图 2.13　硝基苯的吸附-脱附等温线

等温线与硝基苯在 0.1 mol/L NaCl 中的吸附等温线相似，说明硝基苯吸附热较小，与 MCM-41 表面没有强的键合作用。由此也可以间接得出，憎水作用可能是硝基苯在 MCM-41 上吸附的主要作用。

2.2.9　再生对 MCM-41 吸附硝基苯的影响

图 2.14 表示吸附再生后 MCM-41 对硝基苯的吸附效果。

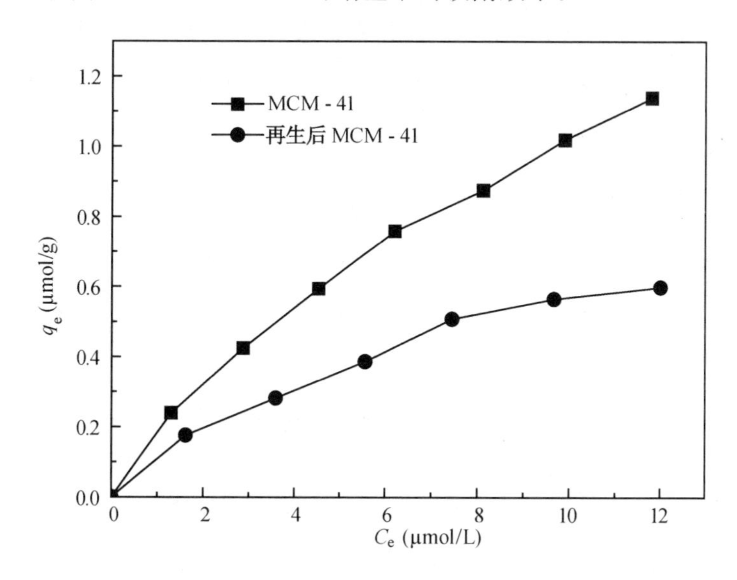

图 2.14　再生后 MCM-41 对硝基苯的吸附效果

一个良好的吸附剂在吸附饱和再生后对吸附质应该也有较好的吸附效果。MCM-41 吸附硝基苯饱和后用蒸馏水洗涤，并在 105℃烘箱中烘干，然后在马弗炉中 300℃煅烧以去除有机物。从图 2.14 中可以看出，再生后 MCM-41 对硝基苯的吸附效果有明显降低，其 Langmuir 单层最大吸附量由原来的 1.81 μmol/g 降低到 0.91 μmol/g。从 XRD 图和比表面积结果可以得出，再生后的 MCM-41 结构被破坏并且比表面积也减少，这些原因均导致再生后硝基苯吸附量的降低。因此，对 MCM-41 进行表面改性以提高其憎水性能从而提高其水热稳定性是未来发展的重要方向，同时寻找和合成水热稳定性高的介孔材料也是该类材料应用于水处理过程的发展方向之一。

2.3　本章小结

本章在碱性条件下制备了 MCM-41 用于吸附水中的硝基苯，考察了接触时间、温度、pH 等因素对 MCM-41 吸附硝基苯的影响，并初步探讨了吸附机理，主要结论如下：

(1) MCM-41 对硝基苯的最大吸附量分别是苯酚和对硝基苯酚的 30 倍和 10 倍。因此，可以用 MCM-41 选择性分离这三种混合液中的硝基苯。

(2) 溶液中存在的溶解氧不影响 MCM-41 对硝基苯的吸附,并且 MCM-41 对硝基苯的吸附在 1 min 内达到平衡,吸附平衡时间与硝基苯初始浓度无关,这种快速达到吸附平衡的特点有利于 MCM-41 在实际水处理过程中的应用。

(3) 随着温度的升高,pH 和离子强度的增大,MCM-41 对硝基苯的吸附量逐渐降低;溶液中存在的阳离子种类(K^+、Na^+、Ca^{2+})和腐殖酸(0～50 mg/L)不影响硝基苯的吸附。

(4) MCM-41 在纯水中的最大单层吸附量分别是在 10%丙酮溶液中和在 10%甲醇溶液中的 3.4 倍和 1.1 倍,推测 MCM-41 吸附硝基苯的机理为憎水作用。

(5) 吸附过程是可逆的并且再生后由于破坏了 MCM-41 的介孔结构使其对硝基苯的吸附效果降低。

第 3 章　甲基化 MCM-41 对水中硝基苯类化合物的吸附

硝基苯类化合物是指苯环上带有硝基的一类衍生物，已广泛地应用于染料、塑料、农药、炸药、石化和医药等化工产业。这类化合物产生的化工废水被排放到水体中，会引起水质感官性状严重恶化，给地表水净化过程造成困难，严重危害人们的身体健康[45]。此类化合物主要通过皮肤和呼吸器官使人的中枢神经系统和血液中毒，从而引起头痛，痉挛，血压降低等一系列症状，是致癌、致畸和致突变物质。因此，美国把其中的硝基苯、2,4-二硝基甲苯和 2,6-二硝基甲苯等列为饮用水中优先去除的污染物。2005 年，我国吉林省中国石油吉林石化双苯厂爆炸事故引起的污染问题就含有这类污染物。

大部分硝基苯类化合物在常温下为固体，其苯环上的硝基是强吸电子基团，可以使 π 电子发生离域。因此，硝基对分子(或分子局部)的电子云分布具有很大的影响，并影响到很多性质，如与苯环相连的酸性或碱性基团的酸离解常数，芳香化合物与电子供体(如黏土表面上的氧原子)之间的特定相互作用等。此外，由于苯环中 π 电子的离域作用，使苯环的结构变得较牢固。因此，硝基苯类化合物容易发生亲电取代反应，不易发生氧化反应，因而在一般情况下，利用氧很难使苯环发生断裂而达到硝基苯类化合物的降解。在具有还原条件的环境中，硝基苯类化合物可以被还原成亚硝基化合物、偶氮苯及芳胺等，而这类物质具有与母体硝基苯类化合物相似甚至更大的环境危害[1]。

目前国内外对硝基苯类化合物的主要处理方法一般有吸附法[46, 101, 102]、氧化法[88, 103]、还原法[104]和生物降解法[105]等。其中吸附法去除水中硝基苯类化合物是一种简单、方便和有效的方法，常见的吸附剂为活性炭。活性炭具有发达的孔体系和很大的比表面积，因而对有机物具有很高的吸附容量和吸附速度。同时，活性炭表面含有大量不同性质的有机官能团，其对水中有机物和无机物均能产生吸附作用，并且具有较强的反应活性。因此，活性炭在吸附硝基苯类化合物的同时也吸附其他有机物如腐殖酸，从而占据了活性炭表面吸附点位并堵塞了活性炭的空隙，降低了活性炭的吸附性能[98]。此外，活性炭易燃，再生方法比较复杂，再生的过程中，活性炭容易损失，再生费用昂贵。因此，如何利用无机材料选择性吸附硝基苯类化合物有待进一步的研究。

MCM-41 介孔分子筛由于具有较大的比表面积，较窄的孔径分布，有序的六角圆柱型孔径和一定的憎水性，已经应用于水处理过程中[19, 22]。在第 2 章中，作者已经证明 MCM-41 可选择性地吸附硝基苯。然而 MCM-41 在水溶液中结构容易发生坍陷。其中的 Si—O—Si 在水中容易发生水解，导致孔容和比表面积减小。因此对 MCM-41 进行改性显得尤为重要。改性后的 MCM-41 不仅能改变表面的极性还能提高结构的稳定性。

本节的目的是用三甲基氯硅烷(Trimethyl Chlorosilane, TMSCl)改性 MCM-41 并考察其在不同条件下吸附硝基苯类化合物的效果,同时确定 CH_3-MCM-41 吸附硝基苯的吸附点位和作用方式,最后考察了 CH_3-MCM-41 在不同流速下吸附硝基苯的穿透曲线。硝基苯类化合物的主要性质参数如表 3.1 所示。

表 3.1 硝基苯类化合物的主要性质参数[1, 45, 46]

序号	名称	简写	相对分子质量	$\log K_{ow}$	λ_{max}(nm)	S(g/L)	pK_a
1	硝基苯	NB	123.1	1.85	267	2.0	—
2	苯酚	Ph	94.1	1.48	270	93.0	9.95
3	2-氯硝基苯	2-Cl-NB	157.6	2.45	259	0.32	—
4	3-氯硝基苯	3-Cl-NB	157.6	2.48	263	0.29	—
5	4-氯硝基苯	4-Cl-NB	157.6	2.50	274	0.19	—
6	邻硝基酚	2NP	139.1	1.78	278	1.3	7.15
7	间硝基酚	3NP	139.1	2.00	226	13.0	8.36
8	对硝基酚	4NP	139.1	1.96	226	14.6	7.06
9	1,3-二硝基苯	3-NO_2-NB	168.1	1.49	242	0.48	—
10	1,4-二硝基苯	4-NO_2-NB	168.1	1.48	264	0.069	—
11	对硝基苯胺	4-NH_2-NB	138.1	1.39	380	0.73	1.02
12	1,3,5-三硝基苯	1,3,5-TNB	213.1	1.18	227	0.33	—

3.1 CH_3-MCM-41 的表征

图 3.1 为 MCM-41 和 CH_3-MCM-41 的 XRD 图谱。从图中可以看出,CH_3-MCM-41 在 2θ 为 2.18°对应于(100)晶面有较强的衍射峰,较 MCM-41 的 2θ((100)晶面)1.80°向大角度方向移动,该峰是介孔材料的特征峰,具有短程有序的六方形结构,计算得出的面间距 d_{100} 分别为 4.29 nm,晶胞参数 a_0($a_0 = 2d_{100}\sqrt{3}$) 为 4.95 nm。甲基化后的 MCM-41 在(100)晶面的衍射峰变得更尖锐,并且在 110 和 200 晶面也有衍射峰,说明 CH_3-MCM-41 比 MCM-41 的有序度升高,改性后 MCM-41 保持良好的长程有序六方形介孔特征。其原因可能是:(1)甲基改性后的 MCM-41 具有更多的均匀孔结构;(2)由于 MCM-41 的表面羟基在甲基化后被完全去除,MCM-41 不再吸附空气中的水分子,从而降低了水分子因为占据孔道而使衍射峰弥散[54]。

图 3.2 是 CH_3-MCM-41 的 SEM 和 TEM 图,从 SEM 图中可以看出,CH_3-MCM-41

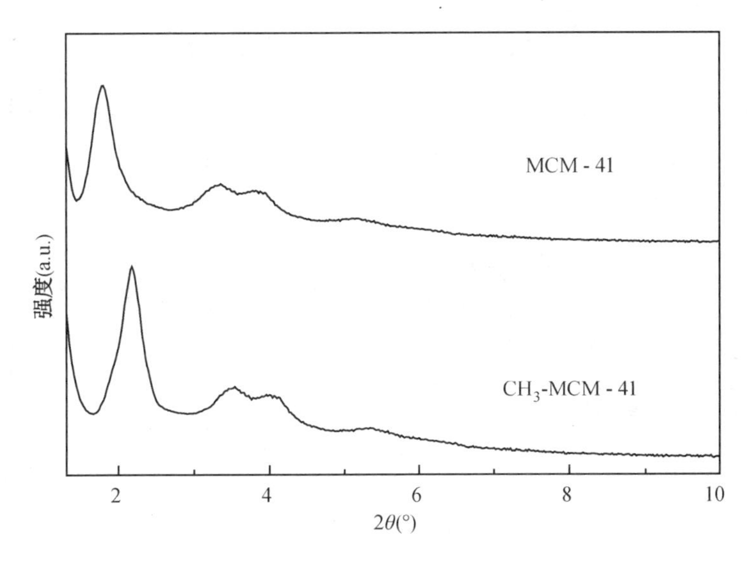

图 3.1　MCM-41 和 CH_3-MCM-41 的 XRD 图谱

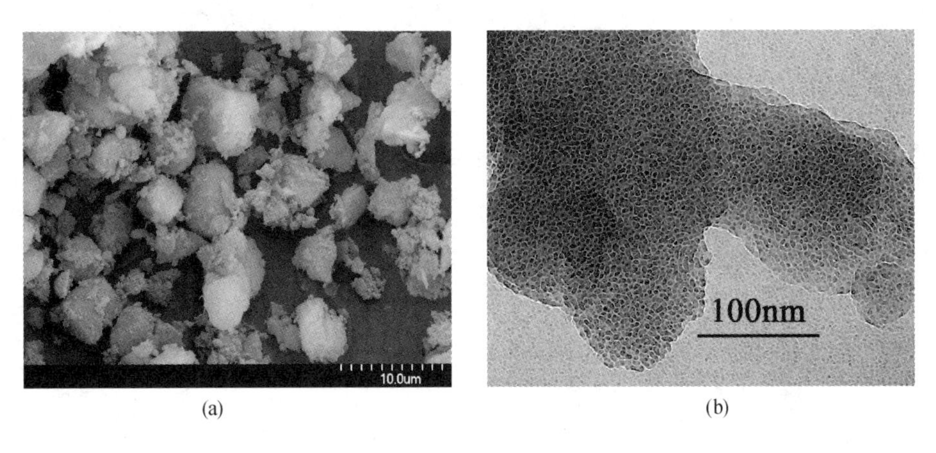

(a)　　(b)

图 3.2　CH_3-MCM-41 的 SEM(a)和 TEM(b)

表面较粗糙，颗粒形貌不规则，颗粒大小分布不均匀，最大颗粒直径可达 5 μm。从 TEM 图 3.2 中可以看出，CH_3-MCM-41 具有良好的六方形介孔结构，孔径分布均匀，孔径大小在 3.0～4.0 nm 之间，这与从 XRD 图中计算的结果一致。

图 3.3 是 MCM-41 和 CH_3-MCM-41 的 N_2吸附-脱附等温线。图 3.4 是由 N_2吸附-脱附等温线经 BJH 计算方法得到 MCM-41 和 CH_3-MCM-41 的 BJH 孔径分布曲线。

从图 3.3 可以看出，MCM-41 和 CH_3-MCM-41 呈现标准的 Langmuir Ⅳ型等温线，是典型的介孔材料特征吸附类型。并且二者的 N_2 吸附-脱附等温线较相似，说明甲基后 MCM-41 的有序介孔结构特性没有发生改变。在 $P/P_0<0.2$ 时，N_2的吸附量随 P/P_0的升高呈线性增加，这是由于 N_2在孔表面发生单分子层吸附所致。在 P/P_0大于 0.2 时，曲线明显的上翘，N_2吸附量突增，这是由于 N_2的毛细管凝聚作用。在相对压力为 0.3～1 时，吸附-脱附等温线出现一个相当宽的平台，说明外部的比表面积较低并且介孔率可以忽略不计。

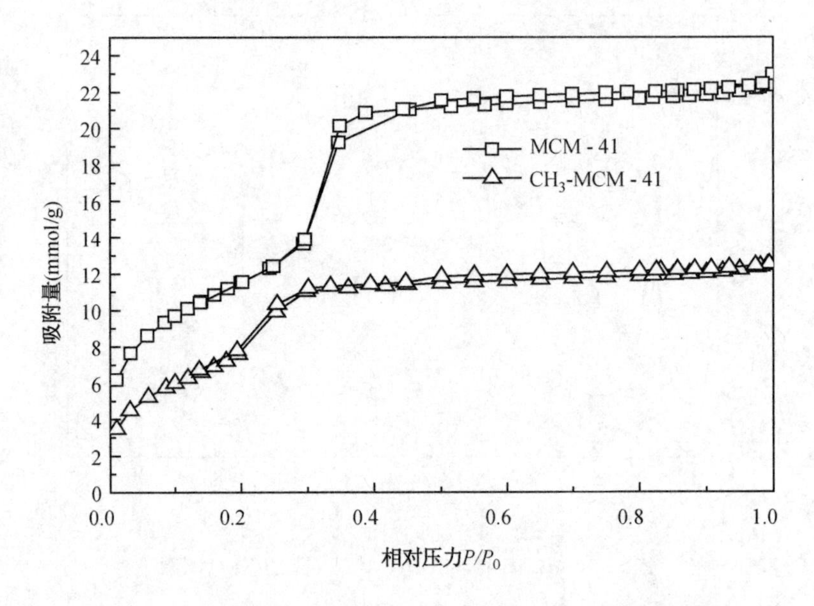

图 3.3　MCM-41 和 CH_3-MCM-41 的 N_2 吸附-脱附等温线

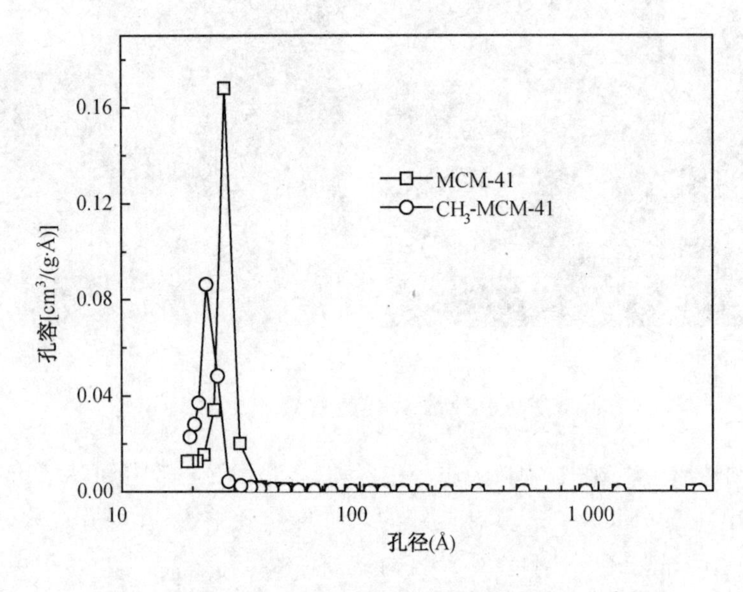

图 3.4　MCM-41 和 CH_3-MCM-41 的 BJH 孔径分布图

由 N_2 吸附等温线计算可得到 MCM-41 和 CH_3-MCM-41 的 BET 比表面积分别为 942 m^2/g 和 700 m^2/g，孔容分别为 0.88 cm^3/g 和 0.55 cm^3/g，BJH 平均孔径分别为 2.91 nm 和 2.54 nm 。说明甲基化后 MCM-41 的比表面积、孔容和孔径均减小。

由图 3.4 可以看出，MCM-41 孔径分布范围为 1.9～4.4 nm，其最可几孔径为 2.74 nm ，CH_3-MCM-41 的孔径分布范围为 1.9～3.9 nm，其最可几孔径大约为 2.14 nm，说明甲基化后 MCM-41 的孔径变小。

图 3.5 显示了 MCM-41 甲基化前后的红外光谱图。在 MCM-41 的红外振动光谱中，

3 470 cm^{-1} 附近的强峰属于吸附水分子和表面羟基(—OH)的不对称伸缩振动吸收，960 cm^{-1}为表面羟基的面外弯曲振动。1 090 cm^{-1}附近的吸收峰对应 MCM-41 骨架中 S—O—Si 键的对称伸缩振动峰。1 630 cm^{-1}附近的吸收峰对应吸附水分子的弯曲振动。480 cm^{-1}和 800 cm^{-1}附近的吸收峰归属于 Si—O 伸缩振动和 Si—O 四面体弯曲振动。由于 TMSCl 与 MCM-41 中的—Si—OH 反应，在 2 900 cm^{-1}附近的吸收峰对应 C—H 键的伸缩振动峰，而在 3 470 cm^{-1}和 1 630 cm^{-1}附近的吸收峰强度降低了，并且 960 cm^{-1}的羟基弯曲振动峰消失，说明硅烷化后大部分 MCM-41 表面羟基被甲基取代。

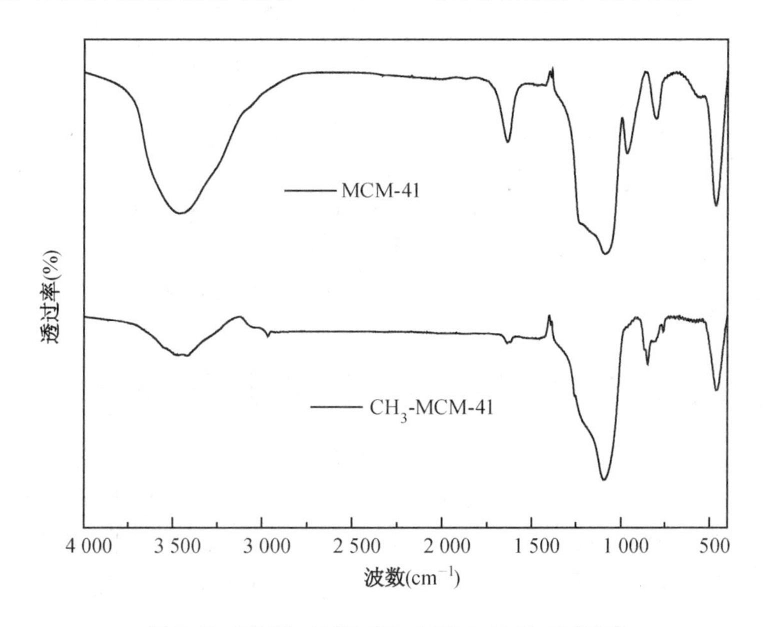

图 3.5　MCM-41 和 CH_3-MCM-41 的 IR 图谱

甲基化后 MCM-41 的热稳定性用热重分析，结果如图 3.6 所示，从图中可以看出，MCM-41 在温度从 30℃升高到 1 000℃内，重量损失 2.6%。虽然 MCM-41 在合成过程中经过了 540℃焙烧温度，但是由于 MCM-41 比表面积和孔隙率很高，孔道布满未缩合完全的羟基，孔道呈极性，从而对极性较大的水分子表现出较强的吸附能力，所以极易吸收空气中的水分[12]。因此，在 30～120℃的重量损失为 0.2%，属于 MCM-41 外表面物理吸附水和孔道内表面物理吸附的水，在 120～1 000℃的重量损失为 2.4%，属于表面的结晶水、MCM-41 中残存的表面活性剂分解燃烧和表面硅羟基缩聚形成硅氧键(Si—O—Si)。在温度 120～1 000℃范围内，未有 MCM-41 骨架坍塌而引起的放热峰，说明合成的 MCM-41 热稳定性良好。甲基化 MCM-41 在温度从 30℃升高到 1 000℃内，重量损失 5.3%，在室温升到 120℃时的重量损失为 0.1%，小于 MCM-41 的损失率，说明改性后的 MCM-41 憎水性增强。在温度 450℃左右，甲基化 MCM-41 的损失量突然增加，约为 1.3%，说明在此温度，甲基已经被高温分解了很多。根据元素分析可以得出 MCM-41 和 CH_3-MCM-41 中的碳含量分别为 0.08%和 5.74%，进一步说明，在 120～1 000℃的重量损失均为甲基的分解燃烧，MCM-41 的表面硅羟基大部分被甲基取代。

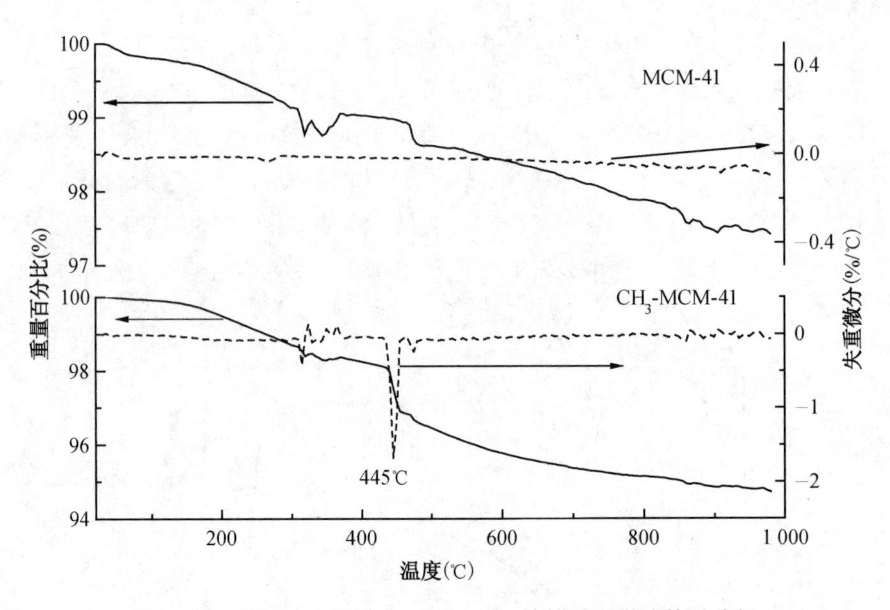

图 3.6　MCM-41 和 CH_3－MCM-41 的热重和微分热重分析

3.2　不同改性方法对 MCM-41 吸附硝基苯的影响

由于 MCM-41 中的硅氧键在水溶液中容易发生水解而使结构破坏，因此，在 MCM-41 表面嫁接某些非极性官能团，使其表面憎水性增加，从而能有效地阻止水分子的吸附，进而提高 MCM-41 的结构稳定性和对硝基苯的吸附能力。根据第二章内容的结果，本实验中，选择 MCM-41，甲基化 MCM-41 和炭沉积 MCM-41 作为吸附剂，考察吸附时间变化对三种吸附剂吸附硝基苯的影响，结果如图 3.7 所示。

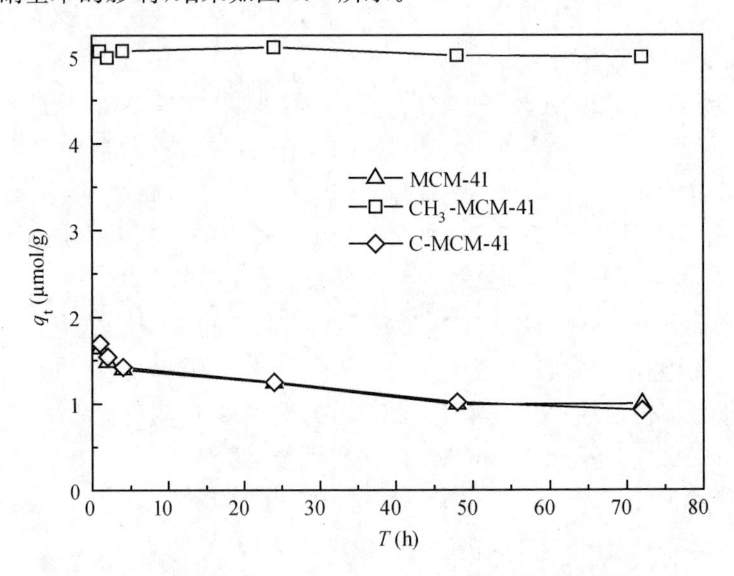

图 3.7　不同改性方法对 MCM-41 吸附硝基苯类化合物的影响

从图 3.7 中可以看出，随着吸附时间的增加，在前 4 h 内 MCM-41 和 C-MCM-41 对硝基苯的吸附量急剧降低，然后吸附量呈缓慢降低并逐渐趋于稳定，而 CH_3-MCM-41 对硝基苯的吸附量保持不变，说明甲基化能有效地保持 MCM-41 在水溶液中的骨架结构。当时间从 1 h 增加到 72 h，MCM-41 和 C-MCM-41 对硝基苯的吸附量分别从 1.63 μmol/g 和 1.70 μmol/g 降低到 1.00 μmol/g 和 0.92 μmol/g，而 CH_3-MCM-41 对硝基苯的吸附量一直保持在 5.04 μmol/g 附近，其吸附量是 MCM-41 和 C-MCM-41 最大饱和吸附量的 3 倍。另外，实验中观测到，CH_3-MCM-41 是漂浮在水面上，而 MCM-41 和 C-MCM-41 是沉积在水溶液的底部，间接表明 CH_3-MCM-41 的表面憎水性很强。另外，从红外谱图也可以看出，MCM-41 表面羟基大部分被甲基取代。由于 CH_3-MCM-41 的憎水性增强使得水分子不能在孔道内发生吸附，并占据孔道阻碍硝基苯的吸附，因此，甲基化的 MCM-41 能极大地提高硝基苯的吸附量。从图 3.7 还可以看出在几分钟内，CH_3-MCM-41 吸附硝基苯即达到平衡，然后，随着时间的延长，吸附量不再变化。同样对于其他硝基苯类化合物在几分钟内也达到吸附平衡(图中未表示)，说明硝基苯类化合物很容易到达吸附剂表面的吸附点位，吸附不需要扩散到微孔内。

3.3　CH_3-MCM-41 对硝基苯类化合物的吸附效果

3.3.1　吸附等温线

在温度 298 K，投量 1 g/L 和 pH 5.8 时，硝基苯类化合物在 CH_3-MCM-41 上的吸附等温线如图 3.8 所示。

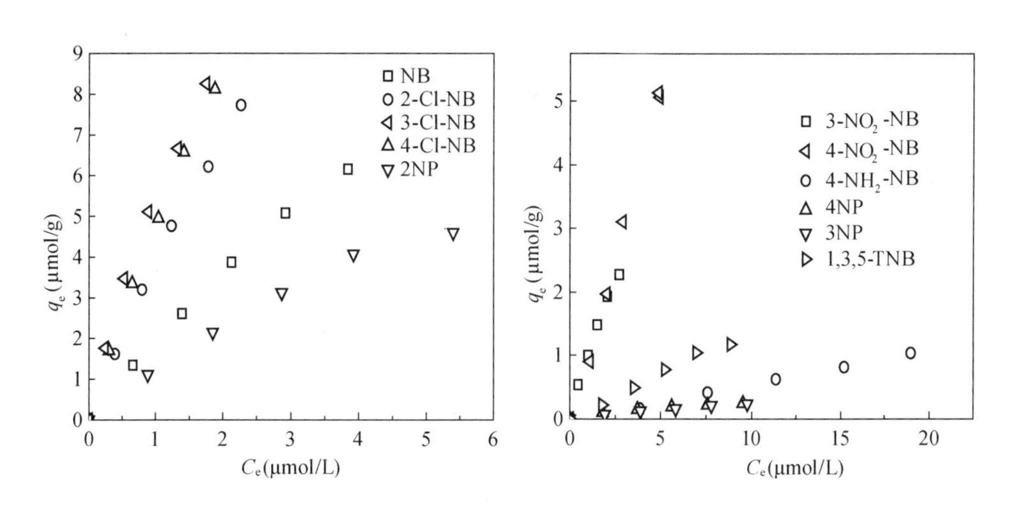

图 3.8　吸附等温线

从图 3.8 中可以看出，CH_3-MCM-41 对氯取代基的硝基苯类化合物的吸附效果最好，而对间位和对位羟基取代的硝基苯类化合物去除效果最差。为了描述吸附等温线，可以用 Langmuir 模型，Freundlich 模型以及线性模型表示，线性模型即用分配系数 K_d(L/g)来描述硝基苯类化合物在 CH_3-MCM-41 上的吸附强弱，方程式如下：

$$K_d = \frac{C_{sorb}}{C_{aq}} \tag{3.1}$$

式中：C_{sorb}(μmol/g)和 C_{aq}(μmol/L)分别为吸附剂在固体表面吸附量和溶液平衡浓度。根据各种吸附模型计算得到的结果如表 3.2 所示。

表 3.2　CH_3-MCM-41 吸附硝基苯类化合物的等温线参数

化合物	Langmuir			Freundlich			线性		
	Q_0 (μmol/g)	K_L (L/μmol)	R^2	K_F	$1/n$	R^2	K_d (L/g)	R^2	K_d[45] (L/g)
NB	25.43	0.084	0.999	2.00	0.846	0.998	1.70	0.988	0.004
2-Cl-NB	32.97	0.133	0.999	3.85	0.852	0.998	3.55	0.990	0.006
3-Cl-NB	20.73	0.370	0.999	5.46	0.743	0.998	5.06	0.966	0.024
4-Cl-NB	33.80	0.168	0.999	4.81	0.844	0.999	4.54	0.989	0.044
2NP	11.40	0.131	0.996	1.40	0.730	0.980	0.96	0.95	0.035
3NP	0.59	0.069	0.996	0.047	0.724	0.992	0.027	0.959	0.023
4NP	0.38	0.177	0.998	0.073	0.537	0.999	0.029	0.864	0.034
3-NO_2-NB	7.75	0.155	0.998	1.03	0.800	0.994	0.90	0.980	1.8
4-NO_2-NB	—	—	—	0.94	1.065	0.996	1.03	0.996	4
4-NH_2-NB	—	—	—	0.047	1.049	0.997	0.054	0.997	0.014[46]
1，3，5-TNB	10.33	0.015	0.992	0.154	0.951	0.983	0.14	0.989	60[46]

文献[45]的吸附剂是钾型高黏土，文献[46]的吸附剂是钾型蒙脱石

从表中可以看出，三种模型均可较好地拟合吸附等温线，从线性分配系数可以看出，CH_3-MCM-41 对大部分硝基苯类化合物的分配系数比文献报道的要高，而 3-NO_2-NB，4-NO_2-NB 和 1，3，5-TNB 的分配系数没有文献报道的高，说明多硝基的有机物在高黏土和蒙脱石上的吸附能力强。这可能是 CH_3-MCM-41 比高黏土和蒙脱石的比表面积大很多，对单一的硝基化合物吸附能力强，而对多硝基的化合物，高黏土和蒙脱石上的钾离子能与硝基发生了强的配位作用，从而提高高黏土和蒙脱石对多硝基化合物的吸附。同时，多硝基化合物在吸附到 CH_3-MCM-41 时降低了 CH_3-MCM-41 的孔径，从而可能阻碍多硝基化合物的吸附。

从表 3.2 中还可以看出，3-Cl-NB 的分配系数最大(5.06 L/g)，3NP 的分配系数最小(0.027 L/g)，3-Cl-NB 的分配系数是 3 NP 的 187 倍，说明 3-Cl-NB 与 CH_3-MCM-41 的

结合能力最强。另外，当芳香环上存在供电子取代基时，如 OH 和 NH_2 官能团，硝基苯类化合物的分配系数均降低。

对于 Langmuir 吸附模型，式中的 Langmuir 常数 K_L 可以通过下式得出：

$$S + X_{ad} \xrightleftharpoons{K_L} X_{sorb} \tag{3.2}$$

式中：S 为吸附点位，X_{ad} 为溶液中吸附质浓度，X_{sorb} 为吸附剂上的吸附质浓度。则 K_L 可表示为：

$$K_L = [X_{sorb}]/[S][X_{ad}] \tag{3.3}$$

式中：S 可以表示为 $[S]=[X_{sorb}]_{\max}-[X_{sorb}]$。一般来说当 $[X_{sorb}]<5\%[X_{sorb}]_{\max}$ 时，吸附等温线为线性，可以用分配系数 K_d 表示。根据式(3.1)，在低吸附量的情况下，可得出分配系数 K_d 与 Langmuri 常数 K_L 的关系：

$$K_d \approx K_L[X_{sorb}]_{\max} \tag{3.4}$$

因此，在随后的数据分析中，吸附等温线符合线性模型的用分配系数 K_d 表示，符合 Langmuir吸附模型的换算成相应的分配系数。

3.3.2　pH 对 CH_3-MCM-41 吸附的影响

pH 对 CH_3-MCM-41 吸附非电离有机物(3-Cl-NB)和可电离态有机物(2NP)的影响如图 3.9 所示。从图中可以看出，CH_3-MCM-41 对 3-Cl-NB 的吸附量在 pH 3.0～9.5 范围内保持不变，平均吸附量为 8.43 μmol/g (去除率 84.3%)；对 2NP 的吸附量在 pH 3.0～6.0 范围内保持不变，平均吸附量为 5.12 μmol/g(去除率 51.2%)，而在 pH 从 6.0 升高到 9.5 时，吸附量从 4.93 μmol/g 降低到 0.02 μmol/g。由于 2NP 是可电离有机物(pK_a=7.15)，假定离子态的 2NP 在 CH_3-MCM-41 不发生吸附，则饱和吸附量与 pH 的关系可用下式表示：

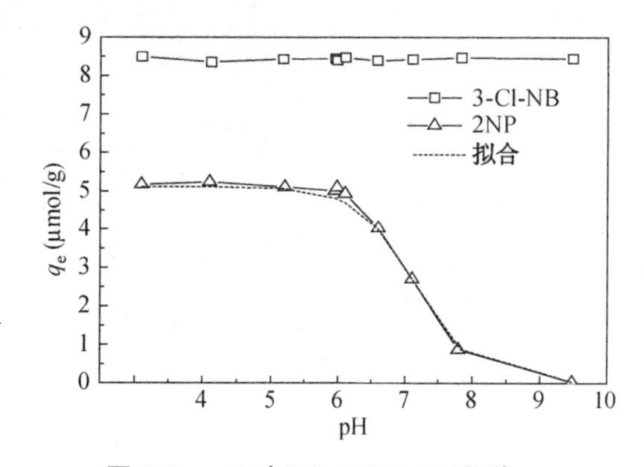

图 3.9　pH 对 CH_3-MCM-41 吸附硝基苯类化合物的影响

$$q_e(\text{pH}) = \alpha_0 q_e^{HA} \tag{3.5}$$

式中：HA 为分子态的 2NP，α_0 为不同 pH 下分子态 2NP 所占的比例，可用下式表示：

$$\alpha_0 = \frac{1}{1+10^{(\text{pH}-\text{p}K_a)}} \tag{3.6}$$

根据式(3.5)理论计算得到 2NP 的吸附量如图 3.9 中虚线所示，从图中可以看出，在 pH>pK_a 时，实际 2NP 的吸附量与理论的吸附量相差不大，说明离子态的 2NP 不能在 CH_3-

MCM-41 上发生吸附，在 pH＞pK_a时，离子态的 2NP 带负电，而 CH_3-MCM-41 的表面也带负电，由于静电排斥作用，导致 2NP 在 CH_3－MCM-41 上吸附逐渐减少。

3.3.3 离子强度对 CH_3-MCM-41 吸附的影响

离子强度(I)对 CH_3-MCM-41 吸附硝基苯类化合物的影响如图 3.10 所示。在 I＜0.2 mol/L 时，CH_3-MCM-41 对非离子态硝基苯类化合物的吸附基本不变，当 I＝1 mol/L 时，CH_3-MCM-41 对非离子态硝基苯类化合物的吸附量有所增加，CH_3-MCM-41 对 NB 的吸附能力从 5.88 μmol/g 增加到 6.73 μmol/g，对 3-Cl-NB 的吸附能力从 6.75 μmol/g 增加到 7.17 μmol/g。由于 CH_3-MCM-41 的憎水性很强，对于非电离态憎水有机物，I 仅影响溶液中有机物的溶解度，当 I 增加时，有机物在水中的溶解度降低，从而增加了有机物向吸附剂表面的分配。对于可电离硝基苯类化合物的吸附如 4NP，I 仅仅从 0 增加到 0.01 mol/L 时，吸附量从 0.17 μmol/g 增加到 0.60 μmol/g，增加幅度大约为 3.5 倍，说明离子强度对可电离硝基苯类化合物的影响比非电离态的大。溶液中 4NP 的离子形态能与 Na^+ 结合，致使 4NP 上-O-的供电子效应减弱，从而促进了 4NP 的吸附。而 Haderlein 和 Schwarzenbach[45] 考察了 NaCl 浓度对钾高黏土吸附 4-甲基-2-硝基酚的影响，发现随着 NaCl 浓度的增加，钾高黏土对 4-甲基-2-硝基酚的吸附逐渐降低。

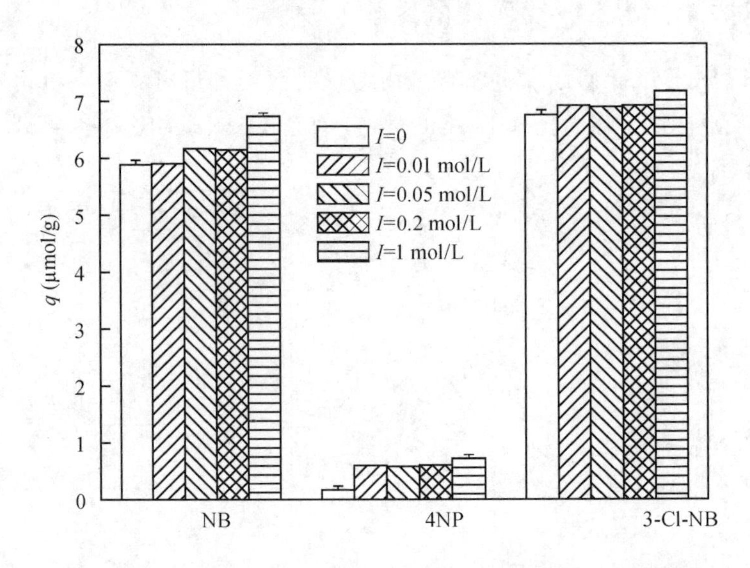

图 3.10 离子强度对 CH_3-MCM-41 吸附硝基苯类化合物的影响

3.3.4 温度对 CH_3-MCM-41 吸附的影响

温度对 CH_3-MCM-41 吸附 NB，3-Cl-NB 和 3-NO_2-NB 的影响如图 3.11 所示，从图中看出，随着温度的升高，CH_3-MCM-41 对 NB、3-Cl-NB 和 3-NO_2-NB 的吸附量逐渐降低，说明在低温下有利于硝基苯化合物的吸附和回收。

在各个温度下三种硝基苯化合物的分配系数如表 3.3 所示。从表中可以看出，随着温

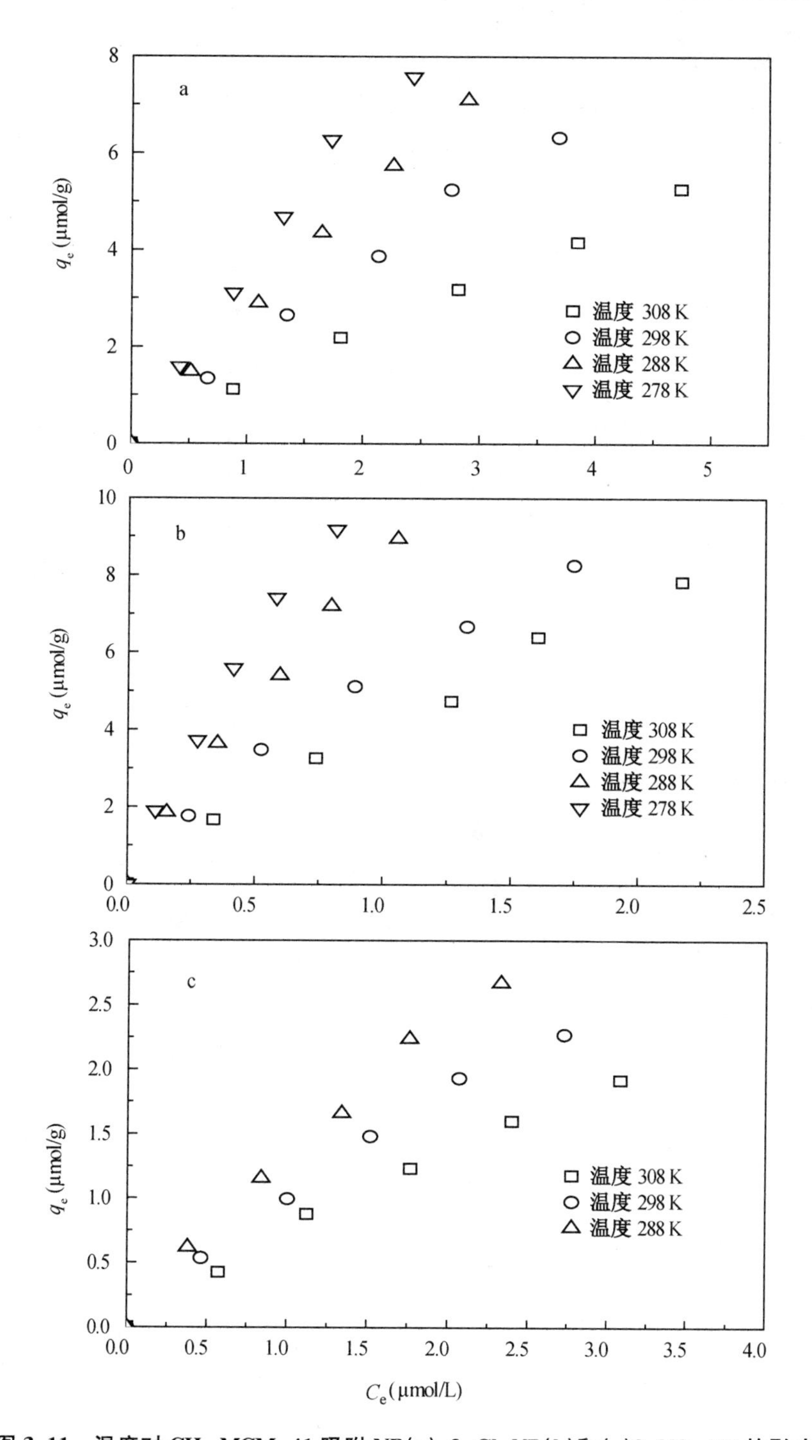

图 3.11　温度对 CH_3-MCM-41 吸附 NB(a),3-Cl-NB(b)和(c)3-NO_2-NB 的影响

度的升高,三种硝基苯类化合物的分配系数均减小。当温度从 278 K 升高到 308 K 时,NB 的分配系数从 4.16 L/g 降低到 1.22 L/g,3-Cl-NB 的分配系数从 16.60 L/g 降低到 4.72 L/g。对于 3-NO_2-NB 的分配系数变化,当温度从 288 K 升高到 308 K 时,其分配系数从 1.56 L/g 降低到 0.85 L/g。

表 3.3　不同温度下硝基苯类化合物的 K_d 和计算所得的 ΔH_{ad} 和 ΔS^0

化合物	温度(K)				ΔH_{ad} (kJ/mol)	ΔS^0 (J/mol)
	278	288	298	308		
NB	4.16	2.89	2.12	1.22	−28.3	−89.6
3-Cl-NB	16.60	11.20	7.68	4.72	−29.5	−82.5
3-NO_2-NB	—	1.56	1.20	0.85	−22.3	−73.7

为了考察吸附热，单位摩尔吸附热可以用 Van′t Hoff 公式计算，方程式如下：

$$\frac{d(\ln K_d)}{d\left(\frac{1}{T}\right)}=-\frac{\Delta H_{ad}}{R} \tag{3.7}$$

式中：ΔH_{ad} 是吸附质的吸附热(kJ/mol)，R 为气体常数(8.31 J/(K·mol))，K_d 是吸附分配系数(L/g)。根据式 3.7，得出 $\ln K_d$ 与 $1/T$ 的关系如图 3.12 所示。

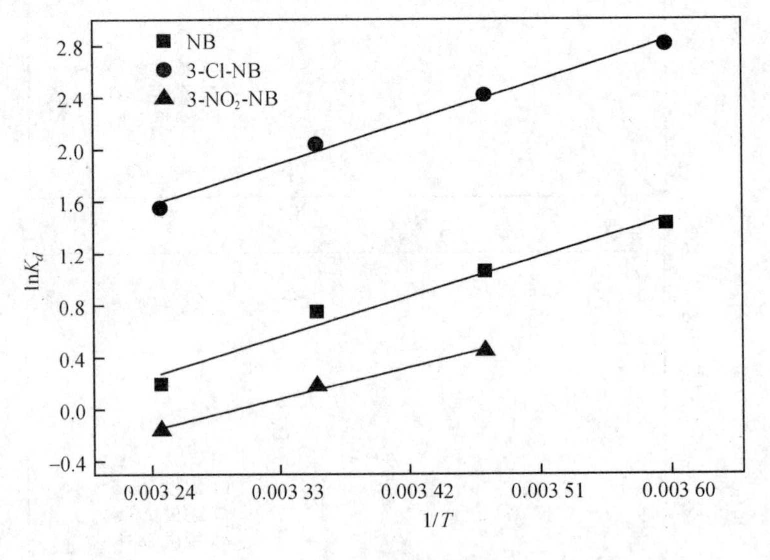

图 3.12　$\ln K_d$ 与 $1/T$ 的关系

从图 3.12 中可以看出，$\ln K_d$ 与 $1/T$ 基本呈线性关系。计算得出的 ΔH_{ad} 如表 3.3 所示，从表中可以看出，三种硝基苯类化合物的吸附热为负值，说明吸附是放热过程，吸附热的绝对值大小依次为：3-Cl-NB>NB>3-NO_2-NB，一般来说，吸附热越大，吸附能力就越大，从表中可以看出，三种硝基苯类化合物的吸附能力大小与焓变的顺序一致。吸附过程中的熵变 ΔS^0 可用下式计算：

$$RT\ln K_d = T\Delta S^0 - \Delta H_{ad} \tag{3.8}$$

计算得出的 ΔS^0 如表 3.3 所示，从表中可以看出，ΔS^0 为负值，说明吸附过程中熵减小。

3.3.5　竞争吸附对CH_3-MCM-41吸附的影响

在染料、塑料、农药、炸药等废水中，通常多种硝基苯类化合物共存，为了研究竞争吸附对CH_3-MCM-41吸附去除的影响，分别考察了初始浓度为10 μmol/L的NB和2-Cl-NB对CH_3-MCM-41吸附4-Cl-NB的影响，结果如图3.13(a)所示。

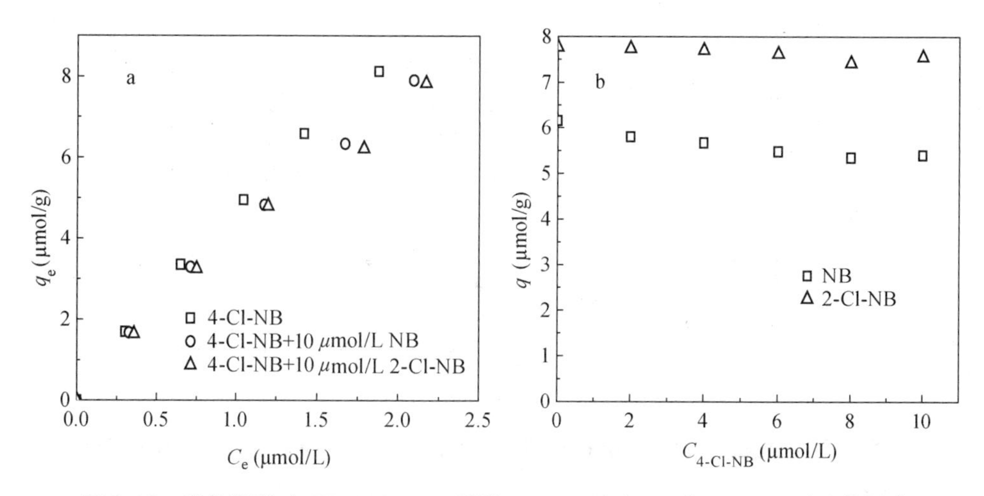

图3.13　竞争吸附对CH_3-MCM-41吸附4-Cl-NB(a)，NB和2-Cl-NB(b)的影响

从图3.13中可以看出，在NB和2－Cl－NB存在的条件下，CH_3-MCM-41对4-Cl-NB的吸附有所降低，K_d从5.69 L/g分别降低到5.01 L/g和4.73 L/g。其中2-Cl-NB对4-Cl-NB的吸附影响比NB大，这是由于2-Cl-NB在CH_3-MCM-41的分配系数(4.39 L/g)比NB(2.14 L/g)大，导致2-Cl-NB比NB更容易吸附到CH_3-MCM-41上，从而减少了CH_3-MCM-41表面吸附点位。当4-Cl-NB的初始浓度较低时，NB和2-Cl-NB的竞争吸附对CH_3-MCM-41吸附4-Cl-NB的影响较低。

当4-Cl-NB的浓度从0增加到10 μmol/L时，CH_3-MCM-41对NB和2-Cl-NB的吸附量降低(如图3.13(b)所示)，饱和吸附量分别从6.16 μmol/g和7.76 μmol/g降低到5.40 μmol/g和7.55 μmol/g。其中，4-Cl-NB对NB的吸附影响比2-Cl-NB的大。综上所述，在所考察的有机物浓度范围内(0～10 μmol/L)，竞争吸附对CH_3-MCM-41吸附各类硝基苯类化合物的影响不大。

在4-Cl-NB和3-NO_2-NB的混合溶液中，考察了CH_3-MCM-41吸附硝基苯类化合物的效果，结果如图3.14所示。从图中可以看出，在双组分溶液中CH_3-MCM-41对4-Cl-NB的吸附影响较小，而对3-NO_2-NB的影响较大，K_d从单组分溶液中的1.20 L/g降低到1.00 L/g。由于4-Cl-NB的分配系数比3-NO_2-NB的大，因此，在双组分溶液中，CH_3-MCM-41倾向于首先吸附4-Cl-NB。在双组分的溶液中，4-Cl-NB的选择性吸附分离系数(k)可以用下式表示[37]：

$$k = \frac{q_i/(q_i + q_j)}{C_{Li}/(C_{Li} + C_{Lj})} \Big/ \frac{q_j/(q_i + q_j)}{C_{Lj}/(C_{Li} + C_{Lj})} \tag{3.9}$$

式中：q_i为 4-Cl-NB 的吸附量（μmol/g）；q_j为 3-NO_2-NB 的吸附量（μmol/g）；C_{Li}为溶液中 4-Cl-NB 的浓度（μmol/L）；C_{Lj}为溶液中 3-NO_2-NB 的浓度（μmol/L）。

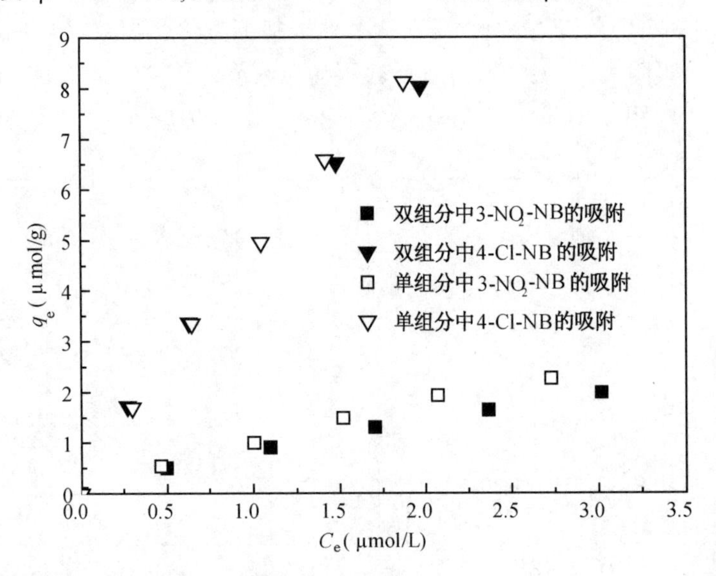

图 3.14 在混合组分和单组分中 CH_3-MCM-41 吸附 4-Cl-NB 和 3-NO_2-NB 的等温线

根据式(3.9)可算出 4-Cl-NB 在混合溶液中的选择性分离系数在 6～7 之间，表明 CH_3-MCM-41 可有效地分离富集混合溶液中的 4-Cl-NB。

在竞争吸附过程中，一些研究表明，由于吸附质在吸附剂上发生吸附，从而导致吸附剂表面性质的改变，并能提高吸附剂对溶液中整体有机物的去除[106, 107]。Brusseau 发现溶液中四氯乙烯（TCE）的存在能提高萘、对二甲苯和 1，4-二氯苯在矿物上的吸附，这是由于 TCE 的协同作用，即 TCE 的吸附提高了矿物中有效有机碳的含量。Zhang 等人发现在苯酚和苯胺混合溶液中，非极性树脂能提高溶液中整体有机物的去除，这是由于吸附上的苯酚或苯胺与溶液中的苯胺或苯酚发生了酸碱作用。但是，在本实验中，并没有观测到硝基苯类化合物的协同吸附作用。

3.3.6 天然水体对 CH_3-MCM-41 吸附硝基苯的影响

在天然水体中，由于存在多种有机污染物，可能对吸附剂吸附目标污染物存在一定的影响，并且硝基苯类化合物的浓度在水体中一般较低，加剧了吸附剂对该类有机污染物的选择性吸附要求。实验中考察了 CH_3-MCM-41 在松花江滤后水中对硝基苯吸附的影响，滤后水的水质指标如表 3.4 所示。从表中可以看出，滤后水中的有机物含量较高，并且含有一定量的不饱和有机物。CH_3-MCM-41 对硝基苯的吸附结果如图 3.15 所示。

表 3.4 滤后水水质指标

TOC(mg/L)	*UV*(cm^{-1})	电导率(*S*/cm)	pH
3.06	0.046	210	7.87

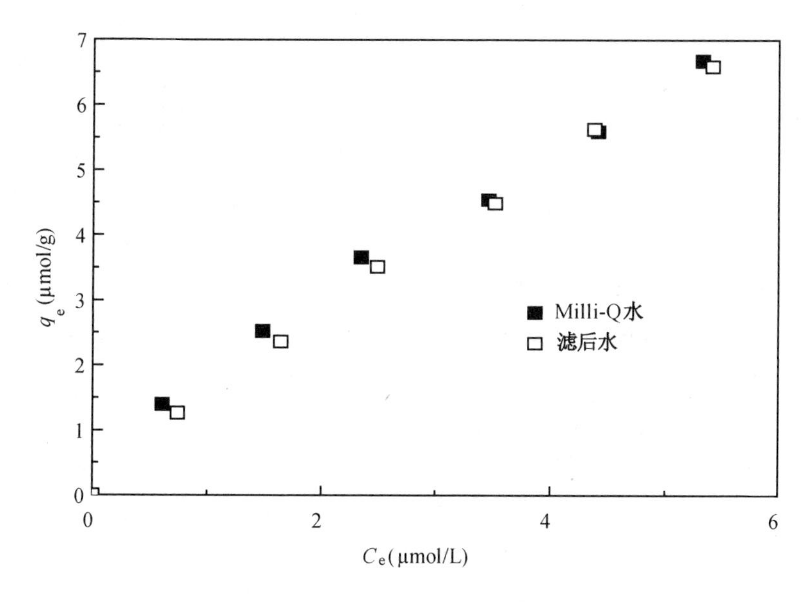

图 3.15　天然水体对 CH_3-MCM-41 吸附硝基苯的影响

从图 3.15 中可以看出，在低浓度时，滤后水对 CH_3-MCM-41 吸附硝基苯有一定的影响，在高浓度时，滤后水基本不影响 CH_3-MCM-41 吸附硝基苯。这是由于在较低浓度时，水中可能存在一定的可被吸附的吸附质，从而影响了 CH_3-MCM-41 的吸附。在高浓度时，由于竞争吸附的原因，硝基苯能有效地被 CH_3-MCM-41 吸附。在 Milli-Q 水和滤后水中，硝基苯的分配系数分别为 1.94 L/g 和 1.59 L/g。该实验结果表明，在天然水中 CH_3-MCM-41 也能有效地选择性吸附去除水中的硝基苯。

3.4　CH_3-MCM-41 吸附硝基苯类化合物的机理探讨

在吸附过程中，通常有两种类型的力在起作用：一种作用力与焓变有关，它影响着吸附剂对吸附质的作用力与吸附质和溶剂之间作用力的大小；另一种作用力与熵变有关，它影响的是吸附体系中自由度或者混乱度的变化。与焓变相关的吸附作用力有范德华力、氢键、配位基交换、偶极间力和化学吸附(共价键的形成)等。在水相中与熵变有关的作用力是指围绕在溶解的吸附质周围的高度规整的水化膜的消失而引起的混乱度的增加[108]。一般认为物理吸附的焓变不大于 20 kJ/mol，化学吸附的焓变大约为 100 kJ/mol[10]。从 NB、3-Cl-NB 和 3-NO_2-NB 的吸附焓变可以推测，硝基苯类在 CH_3-MCM-41 上的吸附为物理吸附。吸附过程中 ΔS^0 为负值，说明硝基苯类化合物倾向于从 CH_3-MCM-41 上溶解到溶液中。一般来说，对于气体分子在吸附到固体表面上时往往伴随着熵值的变小，因为分子从杂乱无章的气态变成在固体吸附剂表面的整齐排列。而对于从溶液中吸附质向吸附剂表面上的吸附来说情况有一定的不同。在固液吸附体系中，同时存在吸附质的吸附和溶剂的解析，吸附质分子吸附到吸附剂上，自由度减少，是熵减少过程，而溶剂分子的解析是熵增大的过程，两者熵变化的共同作用结果将导致体系中熵可能是正值也可能是负值。根据红外谱图分析和实验现象可以得出，CH_3-MCM-41 表面上主要官能团有—CH_3 和 Si—O—Si，说明其表面憎水性较强，CH_3-MCM-41 上的溶剂分子较少，不存在溶剂的解析过程，因此当硝基苯类化合物吸附到 CH_3-MCM-41 时将引起熵变小，从而使体系中的熵变为负值。

溶质从水溶液中迁移至固体颗粒表面发生吸附，是水、溶质和固体颗粒三者相互作用的结果。引起吸附的主要原因在于溶质对水的疏水特性和溶质对固体颗粒的高度亲和力。溶质的溶解度是确定第一种原因的重要因素。溶质的溶解度越大，则向固体表面迁移的可能性越小，反之亦然。吸附作用的第二种原因主要由溶质与吸附剂之间的静电引力、范德华力或化学键力所引起的。由于 CH_3-MCM-41 的疏水性能较强，表面仅仅存在—CH_3 和 Si—O—Si官能团，因此，硝基苯类化合物的吸附作用力如氢键、配位基交换和偶极间力可以忽略不计。对于疏水有机物，疏水作用可能是硝基苯类化合物在 CH_3-MCM-41 上的吸附机理，即吸附过程中的主要驱动力是所谓的“疏水键力”，“疏水键力”是用来描述吸附质与吸附剂之间的范德华力和从溶液中移走吸附质而引起的熵变的共同作用力，而其他的作用力对硝基苯类化合物的吸附过程作用甚小。从式 3.7 可知，温度对吸附平衡的影响大小是吸附作用强弱的直接证据。吸附作用力越弱，平衡吸附的焓变越小，因此温度对吸附的影响就越小。疏水有机物的“疏水键力”的大小直接与有机物的 K_{ow} 有关，K_{ow} 越大，“疏水键力”越大，吸附能力就越大，相反，K_{ow} 越小，“疏水键力”越小，吸附能力就越小。图 3.16 为 $\log K_d$ 与 $\log K_{ow}$ 的关系。从图中可以看出，$\log K_d$ 与 $\log K_{ow}$ 没有明显的关系，说明硝基苯类化合物的憎水作用不是 CH_3-MCM-41 吸附的主要机理。然而，对于非电离硝基苯类化合物的 $\log K_d$ 与 $\log K_{ow}$ 存在一定的相关性。另外，从图中可以看出，当硝基苯的苯环上存在吸电子取代基时，CH_3-MCM-41 的吸附能力增强，当硝基苯的苯环上存在供电子取代基时，CH_3-MCM-41 的吸附能力减弱，如 4-Cl-NB 的分配系数是 4-NH_2-NB 的 84 倍。对于吸电子取代基，硝

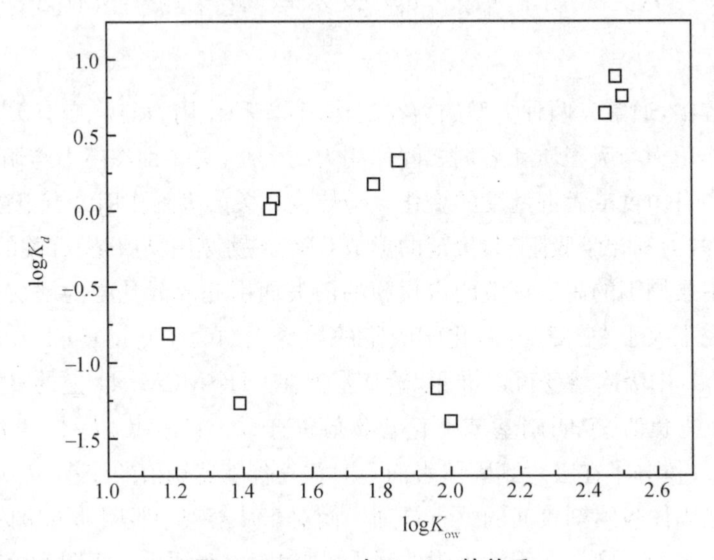

图 3.16　$\log K_d$ 与 $\log K_{ow}$ 的关系

基苯苯环上带正电，当硝基苯类化合物被吸附到 CH_3-MCM-41 上，苯环将与 CH_3-MCM-41 表面上的 Si—O—Si 平面形成电子供体/受体作用（π 配位）[45, 46]。

从图 3.16 可以看出，取代基的位置对于形成电子供体/受体作用也有重要影响。Haderlein 等人[46]认为：

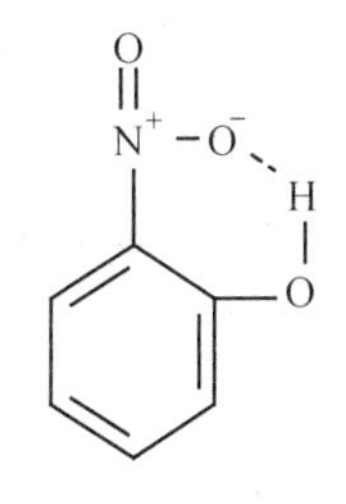

（1）邻位取代基如烷基、卤基和硝基通过空间位阻作用将引起吸附剂吸附能力的下降，因为邻位取代基阻碍了分子的共平面结构和硝基与苯环的最佳共振结构，而这种结构能与供体点位（硅氧平面）形成强的电子供体/受体配位作用。将这种邻位取代基所引起的空间位阻作用称为"邻位效应"。

（2）当邻位取代基与 NO_2 形成氢键作用时，邻位效应可以忽略不计，这是因为这种氢键作用能降低供电子基团的供电效应。如 2NP 的 K_d 是 3NP 和 4NP 的 36 倍和 33 倍。

（3）当取代基在硝基的对位时，由于共振作用，相比较间位取代基能明显提高吸附作用。

另外，CH_3-MCM-41 对硝基苯的吸附效果是 MCM-41 的 3 倍。这是因为 MCM-41 表面含有大量的羟基，在水溶液中，MCM-41 表面将覆盖一层水化膜，该水化膜的存在将降低 MCM-41 的孔径大小和 MCM-41 表面硅氧烷的数量，从而阻碍硝基苯扩散到吸附点位。

从上述分析可得出，硝基苯类化合物在 CH_3-MCM-41 上的吸附属于电子供体/受体配位作用，其吸附能力的大小不仅仅与苯环上的取代基有关，也与硝基苯类化合物的 K_{ow} 有关，从图 3.16 可以看出，对于吸电子取代基的硝基苯类化合物的吸附，K_{ow} 越大，吸附能力越强。如 CH_3-MCM-41 对 4-Cl-NB 和 4-NO_2-NB 的吸附，虽然-NO_2 的吸电子能力大于-Cl，但是 CH_3-MCM-41 对 4-C-NB 的吸附能力是 4-NO_2-NB 的 1.4 倍。

3.5　CH_3-MCM-41 对硝基苯的吸附穿透曲线

在温度为 298 K 时，硝基苯进水浓度为 100 μmol/L，CH_3-MCM-41 装填量 0.3 g，分别控制流速为3.3 mL/min和 7.1 mL/min，在一定时间间隔内测定出水浓度，实验结果如图 3.17 所示。从图中可以看出，二者流速下的穿透曲线相似，并且曲线形状相当陡峭，表明轴向扩散可以忽略不计。随着流速的增加，硝基苯的穿透时间减少，并且穿透过程曲线越陡。这是因为随着流速的增加，表面传质速率和轴向扩散阻力随之降低，但是内部扩散阻力却保持不变，所以在高流速下硝基苯在 CH_3-MCM-41 柱上的传质速率变小。当流速为 3.3 mL/min 时，硝基苯浓度在 50 min 发生穿透；当流速为 7.1 mL/min 时，硝基苯浓度在 18 min时发生穿透。

硝基苯在 CH_3-MCM-41 填充床中吸附过程主要包括以下几个步骤：(1)硝基苯在 CH_3-MCM-41 填充床内的轴向弥散；(2)硝基苯由液体主体扩散到 CH_3-MCM-41 外表面的液膜扩散；(3)硝基苯由 CH_3-MCM-41 孔内液相扩散至吸附剂中心的内扩散；(4)表面吸附反

应。穿透模型根据 Bohart 和 Adams 提出的微观模型[109]，方程式如下：

$$\ln\left(\frac{C_0-C}{C}\right)=\ln\left[\exp\left(\frac{k_1Q_eW}{v}\right)-1\right]-k_1C_0t \tag{3.10}$$

式中：C 为硝基苯出水浓度（μmol/L）；C_0 为硝基苯进水浓度（μmol/L）；k_1 为吸附速率常数（L/(μmol min)）；Q_e 为固定床平衡吸附量（μmol/g）；v 为流速（L/min）；W 为吸附剂质量（g）。

在不同操作条件下，该穿透模型比较简单并且准确度较高。由于式(3.10)中的指数项远远大于 1，因此式(3.10)可以转换成下式：

$$\ln\left(\frac{C}{C_0-C}\right)=-\left(\frac{k_1Q_eW}{v}\right)+k_1C_0t \tag{3.11}$$

令式(3.11)中 $k=k_1C_0$ 和 $\tau=Q_eW/C_0v$，得出：

$$\ln\left(\frac{C}{C_0-C}\right)=k(t-\tau) \tag{3.12}$$

式(3.12)可以表示成下式：

$$t=\tau+\frac{1}{k}\ln\left[\frac{C/C_0}{1-(C/C_0)}\right] \tag{3.13}$$

当 $C/C_0=0.5$ 时，τ 为穿透时间。

利用式(3.10)拟合硝基苯的穿透曲线，如图 3.17 中的虚线所示，从图中可以看出，该模型能较好地拟合硝基苯的穿透曲线，所得的模型参数如表 3.5 所示。从表中可以看出，随着流速的增加，吸附速率常数增加，而固定床平衡吸附量和穿透时间减少。这是由于流速的增

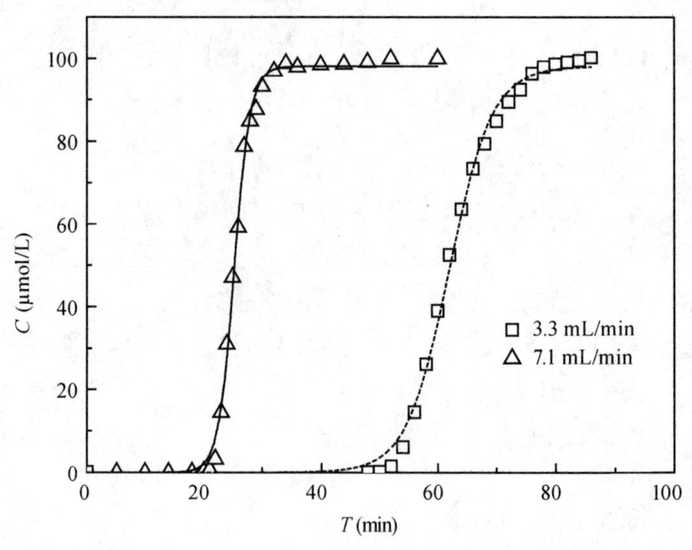

图 3.17　CH_3-MCM-41 对硝基苯的吸附穿透曲线

加导致表面传质速率和轴向扩散阻力随之降低，从而使吸附速率增加。随着流速的增加，固定床平衡吸附量从 66.8 μmol/g 降低到 58.7 μmol/g，这可能是在高流速的情况下，CH_3-MCM-41 填充床对硝基苯的吸附没有在低流速下的吸附充分。计算得到的硝基苯初始浓度与实际进水浓度相差不大。

表 3.5　CH_3-MCM-41 床吸附硝基苯的模型参数

v(mL/min)	τ(min)	k_1[L/(μmol·min)]	Q_e(μmol/g)	C_0(μmol/L)(计算值)
3.3	62.0	2.8×10^{-3}	66.8	98.0
7.1	25.3	7.4×10^{-3}	58.7	98.1

3.6　本章小结

在碱性条件下制备了 MCM-41，并在其表面成功嫁接了甲基官能团用来吸附水中的硝基苯类化合物，得出如下结论：

(1) 改性后的 MCM-41 比表面积减小，孔径变小，结构稳定性提高，甲基负载量(以 C 计)为 5.74%。

(2) CH_3-MCM-41 比 C-MCM-41 和 MCM-41 的表面憎水性强，并能有效地提高硝基苯的吸附，最大吸附量是 C-MCM-41 和 MCM-41 的 3 倍。吸附等温线可以用线性分配系数表示，吸附过程为放热过程并且熵是减少的。当硝基苯苯环上存在供电子取代基时，CH_3-MCM-41 的吸附能力下降，当硝基苯苯环上存在吸电子取代基时，CH_3-MCM-41 的吸附能力增加。当在硝基苯的邻位上存在可与 NO_2 形成氢键的供电子官能团时，CH_3-MCM-41 的吸附能力比其在间位和对位的硝基苯类化合物强。对于非电离物质，pH 的变化，不影响 CH_3-MCM-41 对硝基苯类化合物的吸附，而对于可电离物质，CH_3-MCM-41 对硝基苯类化合物的吸附随着 pH 的升高而降低。离子强度的增加对电离物质的影响较大，而对非电离物质基本不影响。竞争吸附对 CH_3-MCM-41 吸附硝基苯类化合物的影响较小。CH_3-MCM-41 可有效地分离 4-Cl-NB 和 3-NO_2-NB 混合溶液中的 4-Cl-NB，选择性分离系数为 6～7。在天然水体中，CH_3-MCM-41 也能较好地吸附硝基苯类化合物。穿透曲线可以很好地用微观模型描述，模型结果表明，随着流速的增加，固定床的平衡吸附量降低而吸附速率增加。

(3) CH_3-MCM-41 吸附硝基苯类化合物的机理为苯环与 CH_3-MCM-41 表面的 Si—O—Si 形成电子供体/受体配位作用。

第 4 章　SBA-15 对水中氯酚的吸附

氯酚已被广泛地应用于化工企业中，并且在自然环境中属于高毒性、难降解和可积累的有机污染物。即使水环境中存在痕量浓度的氯酚也可使水体发出嗅味。因此，含有氯酚的废水在排放到水环境之前必须得到有效处理。介孔材料作为吸附剂和催化剂载体去除水中的氯酚已得到研究人员的关注。Cooper 和 Burch 发现 M41S 对水中的氰尿酸和对氯苯酚具有较好的吸附性能，并且吸附剂可以通过臭氧氧化再生[19]。Mangrulkar 等人[26]在碱性条件下合成 MCM-41 吸附去除水中的苯酚和间氯苯酚，发现煅烧前 MCM-41 比煅烧后 MCM-41 能更好地吸附苯酚和间氯苯酚，由于煅烧前 MCM-41 含有表面活性剂提高了 MCM-41 表面的憎水性。Shukla 等人[110]在 SBA-15 上负载铁可有效地催化 H_2O_2 降解水中的 2，4-二氯酚。Chaliha 和 Bhattacharyya[111]报道了在 MCM-41 中引入 Mn(Ⅱ)作为催化剂可有效地湿式催化去除 2-氯酚、2，4-二氯酚和 2，4，6-三氯酚。然而，到目前为止还没有文献系统地研究氯酚类化合物在介孔材料上的吸附行为，并且氯取代基数量对氯酚类化合物的吸附影响还未知。特别是关于氯酚与介孔材料的吸附作用机理的研究，这对于评价介孔材料作为催化剂载体在催化过程中的作用具有重要的实际意义。

与其他介孔材料相比，SBA-15 具有较宽的孔径和较厚的孔壁。研究表明，在 40～100℃下，用 P123 制备的 SBA-15 具有均匀的孔径(6.5～10 nm)和较厚的孔壁(3.1～4.8 nm)。这种较厚的孔壁可以使介孔材料具有较高的水热稳定性，从而可应用于水环境中。因此，本书选择 SBA-15 作为吸附剂，三种氯酚类化物(2-氯酚、2，6-二氯酚和 2，4，6-三氯酚)作为吸附质，氯酚的主要性质参数见表 4.1，考察不同因素对氯酚类化合物在 SBA-15 上的吸附影响，探讨氯取代基数量对氯酚吸附的影响，阐明氯酚在 SBA-15 上的吸附机理。

表 4.1　氯酚的主要性质参数

序号	名称	简写	分子量	*MD*(Å)	log *D*	*S*(g/L)	pK_a	K_{HW}
1	2-氯苯酚	MCP	128.6	6.82	2.22	11.3	8.5	0.71
2	2，6-二氯苯酚	DCP	163.0	7.08	2.89	1.9	7.0	3.16
3	2，4，6-三氯苯酚	TCP	197.4	7.32	3.76	0.8	6.6	14.13

MD：分子半径；log*D*：辛醇-水分配系数；*S*：溶解度；pK_a：电离常数；K_{HW}：十六烷基-水分配系数

4.1　SBA-15 的表征

X-射线衍射(XRD)是利用衍射图中的衍射峰位置和强度来测定晶格常数和晶型,利用衍射峰的角度及峰形测定晶粒的直径和结晶度,根据特征峰可以判断粉末试样中某元素或某化合物的存在。SBA-15 是一种具有一维六方立柱型结构的新型纯硅介孔分子筛,除具有 M41S 家族较大的比表面积和均一尺寸的孔径等特点,还具有孔径大、孔壁厚和较高的化学和热力学稳定性。在小角度散射区域内($2\theta<10°$)出现的衍射峰是确认介孔结构存在的有力判据之一。衍射峰较强,表明晶体的有序度较高,衍射峰较弱或者半峰宽较宽,表明晶体的有序度较低或者粒度较小,而当 XRD 峰分辨不清以及峰值极小,表示试样中存在短程的六方对称或者含有一定量的无定型二氧化硅[15]。样品晶相分析采用 Philips PW1710 型 X 射线衍射仪上进行测定,Cu 靶,$K\alpha$ 辐射源,管电压 40 kV,管电流 30 mA,扫描步长 0.02°,扫描速度 1.2°/min,扫描范围 2θ=1.0～10°。

图 4.1 是 SBA-15 的 XRD 图谱,从图中可以看出,SBA-15 在 2θ 为 1.1°有较强的衍射峰,并且在 1.8°和 2.0°也有较强的衍射峰,分别对应于(100),(110)和(200)晶面,这与文献报道的具有六方对称特征的典型介孔材料 SBA-15 的特征衍射峰相符合[112],表明所合成的 SBA-15 具有长程有序的六方形介孔结构并且结晶度好。

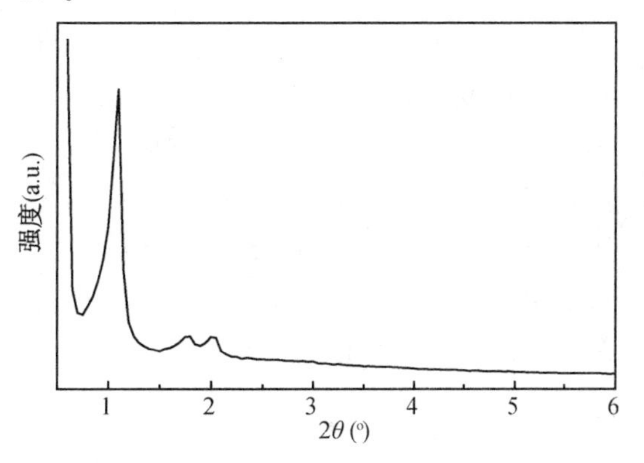

图 4.1　SBA-15 的 XRD 图谱

图 4.2 是 SBA-15 的 N_2 吸附-脱附等温线和由 N_2 吸附-脱附等温线经 BJH 计算方法得到 SBA-15 的孔径分布曲线。

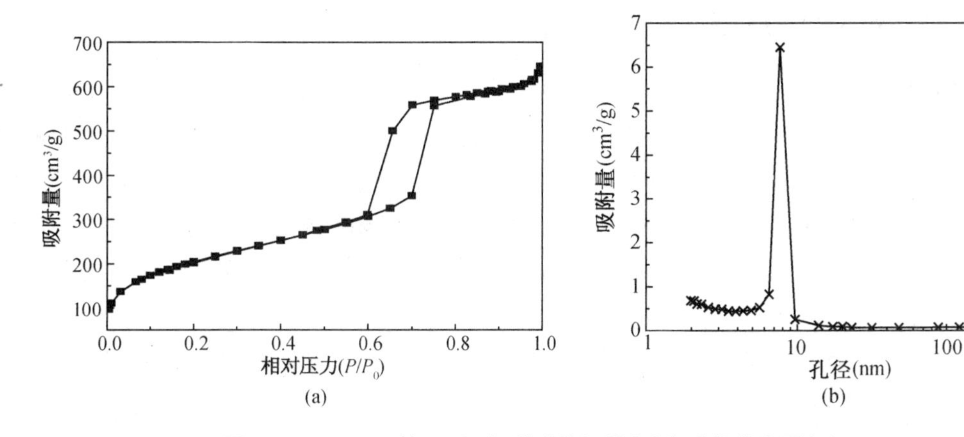

图 4.2　SBA-15 的 N_2 吸附-脱附等温线(a)和孔径分布图(b)

从图 4.2(a)可以看出,SBA-15 呈现标准的 LangmuirⅣ型等温线,是典型的介孔结构特征,并且 N_2吸附-脱附等温线具有明显的滞后环,说明介孔材料的孔径尺寸较大。从图 4.2(b)可以看出,SBA-15 的孔径较大。在低分压段($P/P_0<0.7$)时,N_2的吸附量随 P/P_0 的升高呈线性增加,这是由于 N_2在孔表面发生单分子层吸附所致。在 P/P_0为 0.7~0.8 时,由于 N_2的毛细管凝聚作用,N_2的吸附量急剧增加。此阶段 N_2吸附量变化的大小可作为衡量介孔均一性的依据,即变化率越大则表明孔分布越均一,规整性越高。从图 4.2(b)可以看出,SBA-15 具有较窄范围的孔径分布。在 $P/P_0>0.8$ 时,N_2吸附等温线出现一个相当宽的平台,吸附得到平衡,说明外部的比表面积较低并且介孔率可以忽略不计。由 N_2吸附-脱附等温线计算可得到 SBA-15 的 BET 比表面积为 744 m^2/g,孔容为 0.99 cm^3/g,BJH 平均孔径为 5.98 nm。

图 4.3 显示了 SBA-15 的红外光谱图。3 470 cm^{-1}附近的强峰属于吸附水分子和表面羟基(-OH)的不对称伸缩振动吸收,960 cm^{-1}为表面羟基的面外弯曲振动。1 090 cm^{-1}附近的吸收峰对应 SBA-15 骨架中 Si—O—Si 键的对称伸缩振动峰。1 630 cm^{-1} 附近的吸收峰对应吸附水分子的弯曲振动。480 cm^{-1}和 800 cm^{-1}附近的吸收峰归属于 Si—O 伸缩振动和 Si—O 四面体弯曲振动。从红外谱图可以看出,SBA-15 表面官能团主要为-OH 和 Si—O。

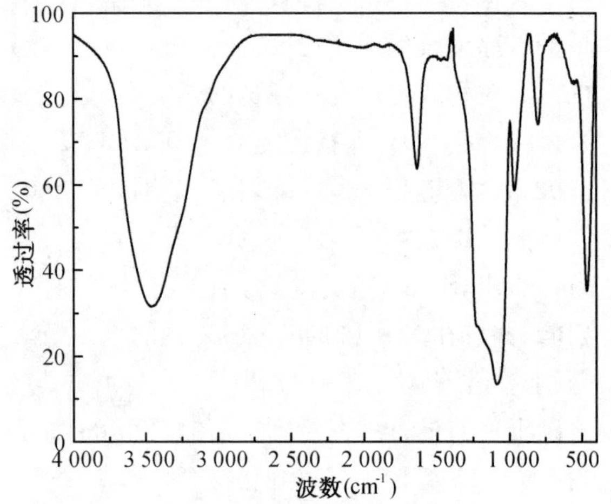

图 4.3 SBA-15 的 IR 图谱

4.2 SBA-15 对氯酚的吸附效果

4.2.1 时间对 SBA-15 吸附氯酚的影响

饱和吸附时间是吸附剂应用于水处理中的重要参数之一。吸附剂的吸附速率越慢,饱和吸附时间就越长,越不利于吸附剂的应用。因为,在达到出水要求的条件下,饱和吸附时间越长,所需的停留时间越长或者所需的吸附剂越多。吸附剂的吸附速率和自身孔隙结构、吸附剂的用量、吸附质起始浓度、pH 及吸附剂已达到的吸附饱和度等因素有关,不同的吸附速率达到吸附平衡的时间也不同,因此不管在实验或实际使用中都需要先确定达到吸附平衡的时间。

接触时间对 SBA-15 吸附氯酚的影响如图 4.4 所示。从图中可以看出,SBA-15 对 MCP、DCP 和 TCP 的吸附在 1 min 内即达到吸附平衡,其平均去除率分别为 36.1%,60.1% 和 75.3%,去除率随着氯取代基数量的增加而增加。而去除率增加的顺序与氯

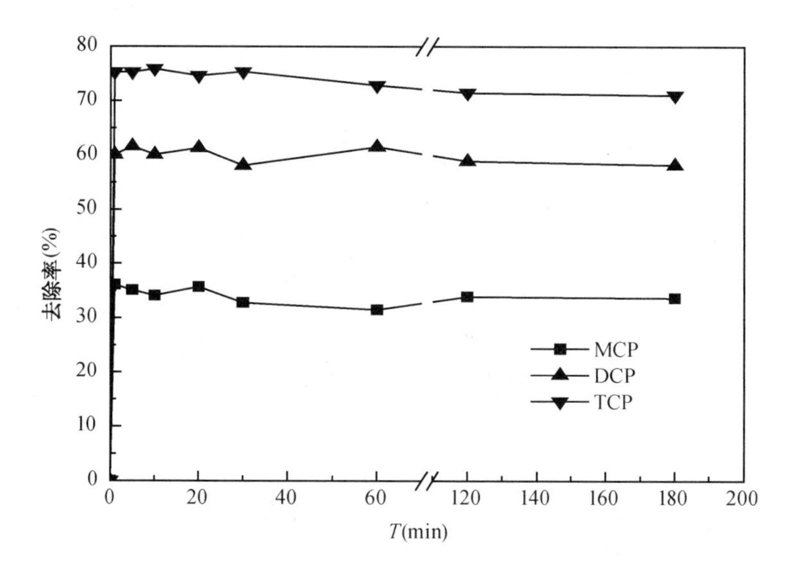

图 4.4　接触时间对 SBA-15 吸附氯酚的影响

酚分子直径增加的顺序相反，说明吸附过程中分子尺寸排阻效应可以忽略不计。这种快速达到吸附平衡的情况表明氯酚不需要扩散到微孔内，并且吸附发生在易于到达的吸附点位。

氯酚在 SBA-15 上的吸附平衡时间远远小于其在红泥、壳聚糖和活性炭纤维上的吸附平衡时间[113-115]，原因是 SBA-15 具有较小的粒径尺寸和均匀的介孔结构。当吸附剂的粒径较小时，由于内扩散距离减少，吸附质的吸附速率提高。SBA-15 的粒径大小仅为几微米，远远小于红泥和壳聚糖。此外，氯酚的分子直径约为 0.6～0.8 nm，SBA-15 的平均孔径为 5.1 nm，是氯酚分子直径的 6～8 倍，易于氯酚分子扩散，而活性炭纤维的平均孔径为 0.88 nm。因此，氯酚在红泥、壳聚糖和活性炭纤维上的吸附平衡时间较长。

4.2.2　SBA-15 吸附氯酚的等温线

吸附等温线是设计吸附系统的重要指标之一。图 4.5 表示在温度分别为 288 K，298 K 和 308 K 下 SBA-15 吸附氯酚的等温线。从图中可以看出，所有的吸附等温线均呈非线性为平滑凸曲线，SBA-15 对氯酚的吸附量随着温度的升高而降低。并且，在相同的温度下，SBA-15 对氯酚的吸附量随着氯取代基数量的增加而增加。为了描述吸附等温线，用 Langmuir 和 Freundlich 模型进行拟合，其等温线参数和线性回归系数如表 4.2 所示。从表中可以看出，Langmuir 和 Freundlich 模型均能很好地拟合吸附等温线。然而，从线性回归系数可以看出，Freundlich 模型相比 Langmuir 模型能更好地拟合 SBA-15 对氯酚的吸附等温线。并且 K_F 值随着温度的升高而降低，表明吸附是放热过程。另外，TCP 的 K_F 值是 DCP 的 1.5 倍，而 DCP 的 K_F 值是 MCP 的 5 倍，说明 TCP 的吸附能力较强。Freundlich 模型的 n 值大于 1，说明氯酚在 SBA-15 上的吸附是有利的。

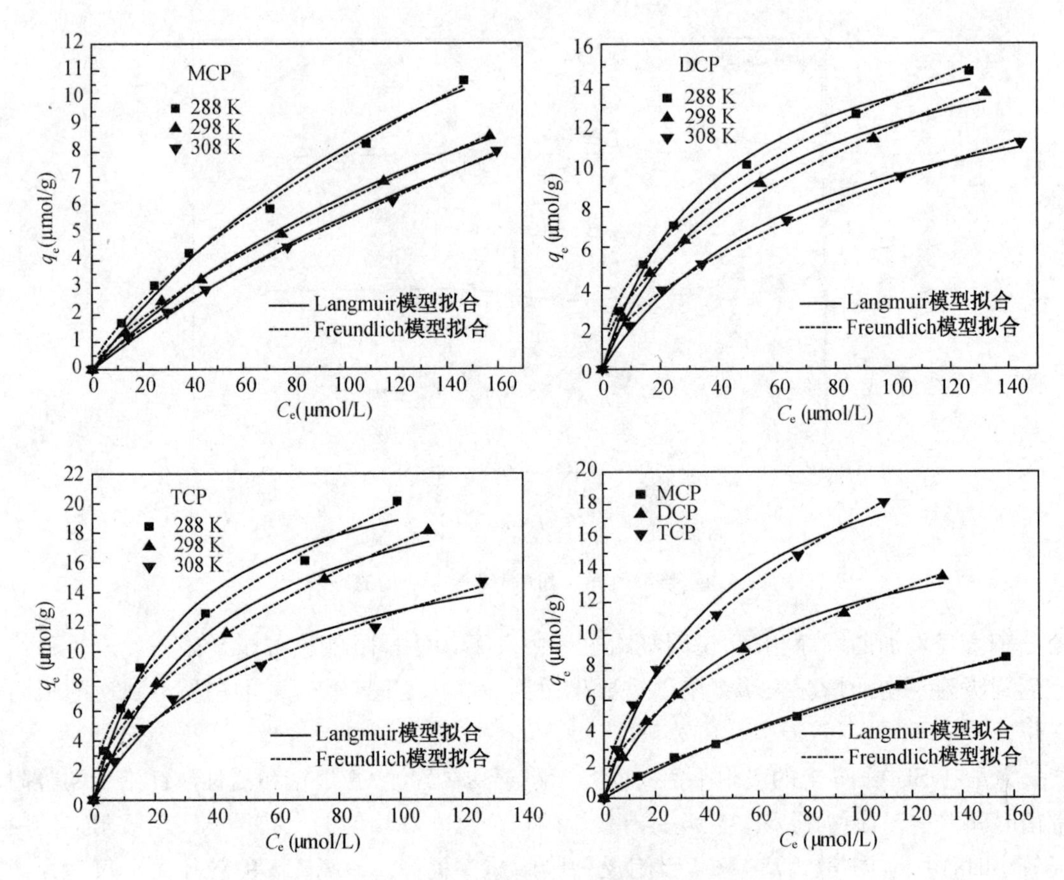

图 4.5　不同温度下 SBA-15 吸附氯酚的等温线

表 4.2　不同温度下 SBA-15 吸附氯酚的 Langmuir 和 Freundlich 模型参数

吸附质	温度(K)	Langmuir 模型			Freundlich 模型		
		Q_0 (μmol/g)	K_L (L/μmol)	R^2	K_F [(μmol/g)/(μmol/L)$^{\frac{1}{n}}$]	n	R^2
MCP	288	23.2	0.005 42	0.991	0.303	1.41	0.996
	298	20.4	0.004 52	0.997	0.210	1.36	0.999
	308	25.0	0.002 89	0.998	0.138	1.25	1
DCP	288	18.7	0.025 0	0.996	1.475	2.09	0.993
	298	18.3	0.019 1	0.996	1.099	1.93	0.993
	308	16.4	0.013 7	0.996	0.715	1.80	0.997
TCP	288	24.2	0.035 0	0.983	2.228	2.10	0.992
	298	24.4	0.022 7	0.989	1.542	1.90	0.997
	308	19.6	0.018 8	0.983	1.101	1.88	0.990

热力学参数包括吸附自由能(ΔG^0)、焓变(ΔH^0)和熵变(ΔS^0),可用热力学平衡参数(K_0)来计算[116]。K_0的计算方法如下：

$$K_0=\frac{\alpha_s}{\alpha_e}=\frac{\gamma_s}{\gamma_e}\frac{C_s}{C_e} \tag{4.1}$$

式中:α_s是平衡时被吸附的吸附质活度;α_e是平衡时吸附质在溶液中的活度;C_s(μmol/L)是被吸附的氯酚在吸附剂表面上的平衡浓度;C_e(μmol/L)是平衡时溶液中氯酚浓度;γ_s是被吸附的吸附质活度系数;γ_e是溶液中吸附质活度系数。C_s可通过参考文献计算[116]。当溶液中溶质浓度无限趋近于零时,活度系数γ趋近于1。因此,K_0可通过对$\ln(C_s/C_e)\sim C_s$作图并使C_s无限接近于零计算。图形的截距是$\ln K_0$。计算得到的$\ln K_0$见表4.3所示。热力学参数的计算方法如下：

$$\Delta G^0=-RT\ln K_0 \tag{4.2}$$

$$\ln K_0=\frac{\Delta S^0}{R}-\frac{\Delta H^0}{RT} \tag{4.3}$$

式中,R(8.31 J/mol·K)为气体常数;T(K)为溶液的温度。热力学参数值见表4.3。从表中可以看出,所有的ΔG^0均为负值,说明吸附是可行的并且是自发进行的。焓变(ΔH^0)为负值,说明吸附过程是放热反应。ΔH^0的绝对值大小依次是MCP<DCP<TCP,表明氯取代基越多的氯酚与SBA-15的结合能力越强。熵变(ΔS^0)为负值表明吸附过程中固液界面的混乱程度降低。

表4.3　SBA-15吸附氯酚的热力学参数

吸附质	T(K)	ln K_0	ΔG^0(kJ/mol)	ΔH^0(kJ/mol)	ΔS^0(J/K·mol)
MCP	288	6.61	−15.82	−23.99	−28.50
	298	6.23	−15.43		
	308	5.96	−15.25		
DCP	288	8.09	−19.36	−31.29	−47.28
	298	7.70	−19.07		
	308	7.24	−18.53		
TCP	288	8.74	−20.92	−35.76	−51.55
	298	8.23	−20.38		
	308	7.77	−19.89		

4.2.3　pH对SBA-15吸附氯酚的影响

溶液pH是影响吸附过程的重要参数之一,pH不仅影响吸附剂表面化学性质,而且还影响可电离物质的存在状态。由于SBA-15在pH>9.0时会发生溶解[117],实验中考察了氯酚初始浓度为 40 μmol/L 时，pH 从 3.0 升高到 8.7 对 SBA-15 吸附氯酚的影响。图 4.6 表示 SBA-15 吸附氯酚的变化曲线(即 K_d 随着 pH 的变化，K_d(L/g)是吸附分配系数，$K_d=q_e/C_e$)。从图中可以看出，K_d 值与 pH 密切相关。当 pH<7.0 时，pH 的变化对 MCP 的吸附影响可以忽略不计。当 pH 在 3.0～5.0 之间变化时，pH 的变化对 DCP 和 TCP 几乎没有影响。然而，当 pH 大于氯酚的 pK_a 时，氯酚的吸附量急剧下降。在 pH 为 8.7 时，98%的 DCP 和 TCP 属于电离态，并且其 K_d 值可忽略不计，说明氯酚的电离态不容易吸附到固体表面。当 pH 大于 pK_a 时，氯酚的 K_d 值随着 pH 的增加而降低，其原因可能是由于静电排斥作用(即氯酚以负离子形态存在，SBA-15 表面也带负电)。此外，电离态的氯酚，由于亲水性增加，吸附能力也下降。

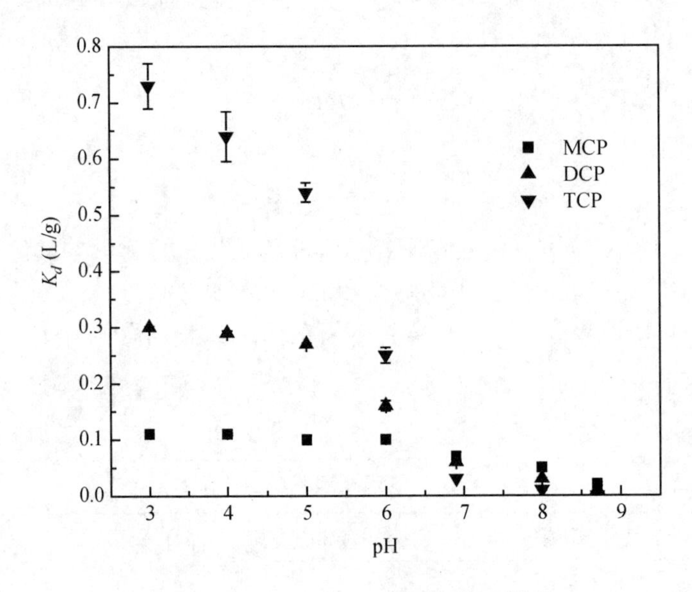

图 4.6　pH 对 SBA-15 吸附氯酚的影响

SBA-15 的 pH_{zpc} 约为 4.0。在 pH 3.0～7.0 之间改变溶液 pH 将导致 SBA-15 表面官能团如-OH 发生电离并改变表面电荷数量。从实验中可以看出，这种表面电荷的改变并没有影响 MCP 的吸附，说明 SBA-15 表面电荷数量并不影响分子态氯酚的吸附。

4.2.4　离子强度对 SBA-15 吸附氯酚的影响

NaCl 被用作背景电解质来研究离子强度对 SBA-15 吸附氯酚的影响。从图 4.7 可以看出，增加离子强度至 0.1 mol/L 对 SBA-15 吸附氯酚的影响不大。在 pH 5.0，三种氯酚均为分子态，增加离子强度将降低氯酚的溶解度，从而增加氯酚在 SBA-15 上的分配(盐析效应)[118]。部分研究者已经证实离子强度的增加能增加分子态有机物在不同吸附剂上的吸附[119, 120]。然而，在本研究中，增加离子强度至 0.1 mol/L 将导致氯酚吸附能力的下降。例如，当离子强度从 0 增加到 0.1 mol/L 时，TCP 的 K_d 值从 0.62 降低到 0.55 L/g。

研究表明，当离子强度增加至 0.1 mol/L 所引起 TCP 溶解度的降低量仅仅约为

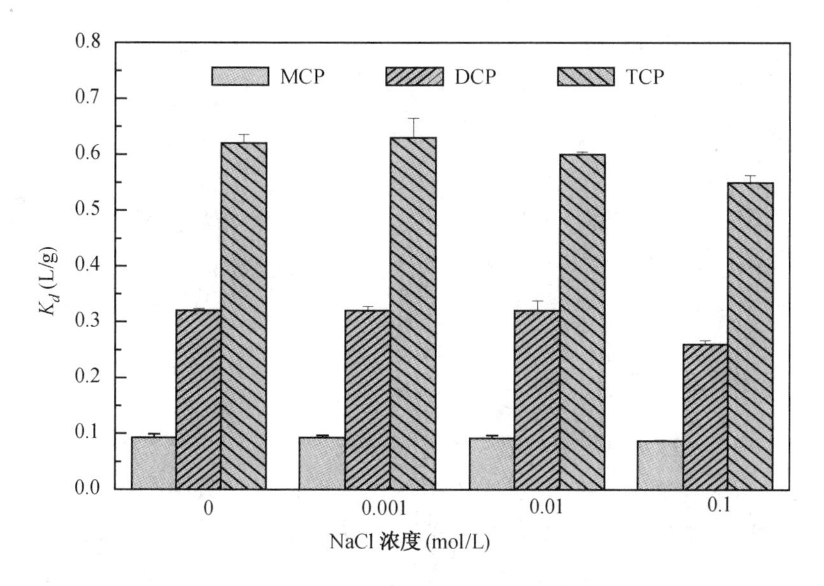

图 4.7　离子强度对 SBA-15 吸附氯酚的影响

5%[118]。因此,盐析效应对 TCP 吸附的影响可以忽略。在 pH 5.0,SBA-15 的表面带负电,阳离子可以通过静电吸引吸附到 SBA-15 表面并占据 SBA-15 孔道的空间形成空间位阻作用。因此,增加离子强度有可能减少氯酚的吸附。

4.2.5 腐殖酸对 SBA-15 吸附氯酚的影响

腐殖酸(Humic Acid, HA)常见于天然水体中,并且能阻碍多孔吸附剂如粉末活性炭(PAC)吸附水中痕量有机污染物,这主要由于其产生孔道阻塞作用和直接参与吸附点位的竞争吸附。腐殖酸对 SBA-15 吸附氯酚的影响如图 4.8 所示。从图中可以看出,腐殖酸的

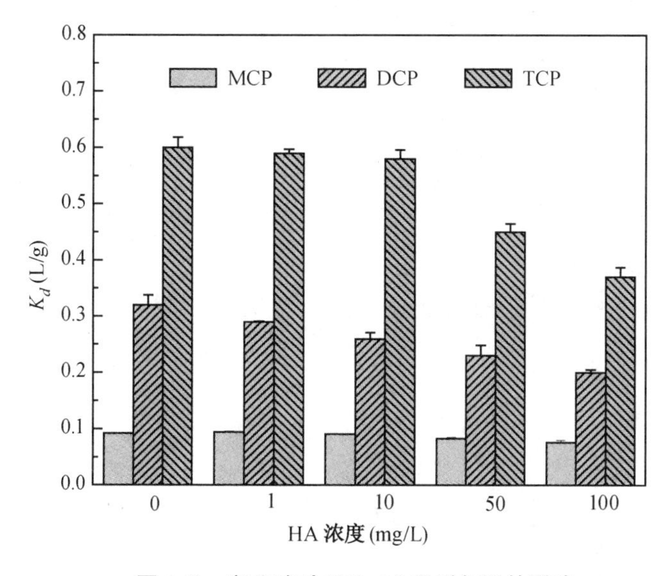

图 4.8　腐殖酸对 SBA-15 吸附氯酚的影响

存在(0～10 mg/L)并不影响氯酚的吸附。当腐殖酸浓度从 10 mg/L 增加到 100 mg/L 时，SBA-15 对 MCP、DCP 和 TCP 的吸附系数分别从 0.091 L/g、0.26 L/g 和 0.58 L/g 降低到 0.076 L/g、0.20 L/g 和 0.37 L/g，说明高浓度的腐殖酸在一定程度上能影响氯酚的吸附。实验表明，当腐殖酸浓度为 100 mg/L 时，腐殖酸的吸附量仅仅为 1.2 mg/g，说明腐殖酸不易被 SBA-15 吸附。此外，高浓度腐殖酸的存在可增加氯酚与腐殖酸的结合能力，从而增加氯酚的溶解度。因此，高浓度腐殖酸的存在可降低氯酚的吸附。然而，不管如何，SBA-15 仍能有效地吸附水中的氯酚。

4.2.6 混合溶液中的氯酚吸附

氯酚通常以混合物的形式存在于水中，而混合溶液中氯酚的吸附行为有可能与单质溶液中的吸附行为不同。因此，有必要研究氯酚在混合溶液中的吸附行为。图 4.9 为氯酚在混合溶液中的吸附等温线。从图中可以看出，吸附等温线仍然呈平滑凸曲线，混合溶液中氯酚的吸附量普遍低于单质溶质中的吸附量，说明混合溶液中存在竞争吸附。竞争吸附与氯酚的初始浓度有关，初始浓度越大，竞争吸附越激烈。当初始浓度较低时，TCP 的吸附等温线与单质溶液中的吸附等温线相似，而 MCP 和 TCP 的吸附量均降低，说明 TCP 在 SBA-15 的吸附能力大于 MCP 和 TCP。当初始浓度较高时，三种氯酚的吸附量均降低。例如，在初始浓度为 200 μmol/L 时，MCP、DCP 和 TCP 的吸附量从 8.58 μmol/g，13.56 μmol/g 和 18.13 μmol/g 降低到 4.69 μmol/g，10.22 μmol/g 和 16.45 μmol/g，这可能是由于它们存在相似的吸附点位引起的。

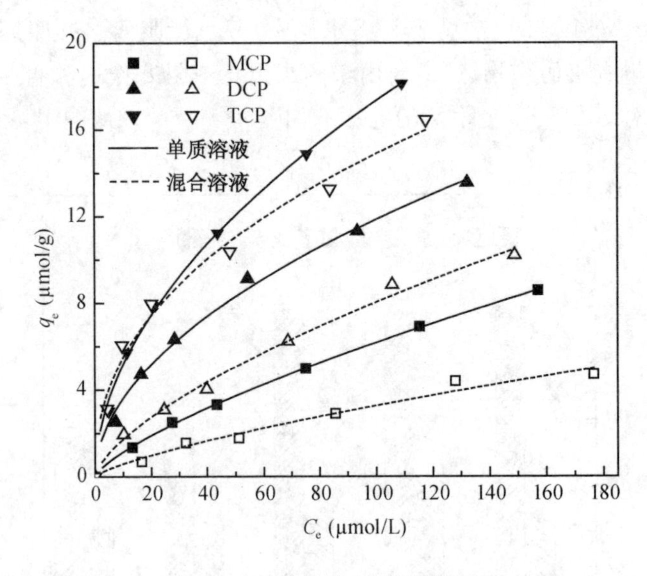

图 4.9 混合溶液中氯酚的吸附

4.2.7 脱附实验

脱附实验能更好地理解吸附过程。甲醇是具有氢键性质的亲质子溶剂，丙酮相比较甲醇极性较弱，是偶极非质子性溶剂，不能作为氢键的供体。溶液中分别用含有 10%甲醇和 10%丙酮对 SBA-15 吸附氯酚后进行脱附，结果如图 4.10 所示。从图中可以看出，氯酚易于被两种溶液脱附，说明氯酚在 SBA-15 上的结合能力不强，属于物理吸附。此外，用丙酮来脱附氯酚的效果比用甲醇的更好。这种原因可能归于氯酚在不同的溶剂中具有不同的溶解度。

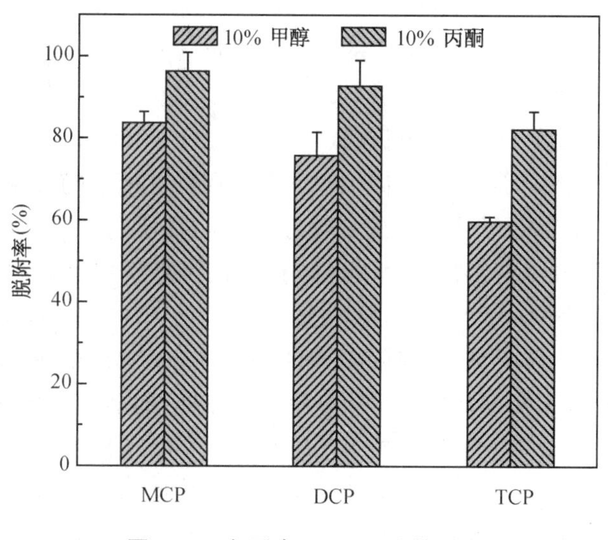

图 4.10　氯酚在 SBA-15 上的脱附

由于增溶效应，水中加入有机溶剂能增加憎水有机物的溶解度[121]。氯酚在弱极性有机溶剂中的溶解度比极性溶剂大。因此，弱极性有机溶剂与氯酚的结合能力较强，能提高氯酚的脱附率。

4.2.8　吸附机理

有机物在无机材料表面上的吸附机理一般认为有：静电吸引、离子交换、离子偶极作用、表面金属阳离子络合作用、氢键、电子供体受体配位和憎水作用[122-124]。SBA-15 表面存在羟基官能团和硅氧烷。因此，SBA-15 吸附氯酚的机理可能有：(1)氯酚与 SBA-15 表面之间的疏水作用；(2)电子供体/受体配位作用，SBA-15 表面的硅氧烷作为电子供体，氯酚的 π 平面作为受体；(3)SBA-15 的表面羟基与氯酚之间的氢键作用。为了分析吸附机理，通过 Freundlich 吸附模型，计算 $C_e=0.01S_W$的单点吸附系数(K_d)作为分析依据。MCP、DCP 和 TCP 的 K_d值分别为 0.035 L/g、0.111 L/g 和 0.267 L/g。

由于 SBA-15 表面并不完全是亲水性而是具有一定的憎水特性，因此，憎水作用可能是氯酚的吸附机理[125, 126]。在水溶液中，疏水系数越大的吸附质越容易被吸附。从表 4-1 所列的氯酚溶解度可以看出，三种氯酚的溶解度随着氯取代基数量的增加而降低，从而导致氯酚的吸附能力随着氯取代基数量的增加而增加。憎水作用可以通过有机物的疏水系数 $\log D$ 来描述[127]。三种氯酚的 $\log D$ 随着氯取代基数量的增加而增加，这种增加的顺序与氯酚在 SBA-15 上吸附系数 K_d 增加的顺序一致。因此，憎水作用可以被认为是氯酚在 SBA-15 上吸附的主要作用。为了区别其他吸附机理，用十六烷/水分配系数（K_{HW}）来归一化 K_d[127]。归一化系数 K_d/K_{HW} 可以忽略憎水作用。这是由于十六烷不可能形成氢键作用，极化作用和电子供体/受体配位作用[128]。计算得到的 K_d/K_{HW} 结果表明 MCP 的数值约为 TCP 的三倍，说明除了疏水作用还有其他吸附作用起主导作用。假如仅仅是疏水作用，三种氯酚的 K_d/K_{HW} 数值应该是近似的。

电子供体/受体配位作用是认为氯酚的芳香环作为电子受体，而 SBA-15 的硅氧烷表面作为电子供体[45, 124]。Haderlein 和 Schwarzenbach (1993)[45]认为芳香族硝基化合物在高岭土上的吸附属于电子供体/受体配位作用，其中高岭土中的硅氧烷作为电子供体而芳香族的 π 平面作为电子的受体。因此，芳香族硝基化合物在高岭土上的吸附随着硝基数量的增加而增加，这是由于硝基降低了芳香环的 π 电子云。在本研究中，氯取代基属于吸电子取代基，因此，氯酚的芳香环也可以很好地作为电子受体。SBA-15 表面被认为具有负电荷表面而倾向于吸附缺电子物质[123]。吸附点位是硅氧烷表面。硅氧烷表面具有很大的负电势能，可作为电子供体[124]。综上所述，氯酚和 SBA-15 表面可形成电子供体/受体配位作用。当氯取代基的数量增加时，芳香环的电子密度降低，氯酚在 SBA-15 上的吸附将增加。从氯酚的吸附系数可以看出，氯酚在 SBA-15 上的吸附随着氯取代基数量的增加而增加。因此，电子供体/受体可以被认为是氯酚在 SBA-15 上吸附的另外一个机理。

氢键作用被认为是苯酚类有机物在土壤上的吸附机理[129]。这种吸附作用包括：(1)芳香环的 π 电子与 SBA-15 表面羟基中的氢原子作用；(2)氯酚上的氧原子与 SBA-15 表面羟基中的氢原子作用；(3)氯酚羟基中的氢原子与 SBA-15 表面羟基中的氧原子作用[123, 125]。假如氯酚中的氧原子或 π 电子与 SBA-15 表面羟基中的氢原子形成供体配位，氯取代基将降低电子密度并降低氯酚吸附。然而，氯酚在 SBA-15 上的吸附随着氯取代基数量的增加而增加。另外，假如氯酚羟基取代基中的氢原子与 SBA-15 表面羟基中的氧原子形成受体配位作用。当 pH 小于 SBA-15 的 pH_{zpc} 时，由于氯酚与氢离子竞争吸附，氯酚在 SBA-15 上的吸附将随着 pH 的降低而降低。从图 4.6 可以看出，在 pH 小于 pH_{zpc} 时，氯酚在 SBA-15 上的吸附保持不变。因此，氢键作用并不是氯酚在 SBA-15 上吸附的主要机理。

4.3 本章小结

本章研究了 SBA-15 吸附水中不同数量氯取代基的氯酚，考察了接触时间、温度、pH 等因素对 SBA-15 吸附氯酚的影响，并探讨了吸附机理，主要结论如下：

(1) SBA-15 对氯酚的吸附在 1 min 内达到平衡，吸附去除率随着氯取代基数量的增加而增加。

(2) 随着温度、pH 和腐殖酸浓度的增加，SBA-15 对氯酚的吸附量降低；离子强度的增加基本不影响氯酚的吸附。

(3) 竞争吸附表明，三种氯酚在SBA-15上的吸附点位相似，TCP与SBA-15的结合能力最强。

(4) 被吸附的氯酚易于被10%丙酮溶液和10%甲醇溶液脱附，并且10%丙酮溶液的脱附效率高于10%甲醇溶液，吸附属于物理吸附。

(5) 吸附机理主要被认为是憎水作用和电子供体/受体配位作用。

第 5 章　SBA-15 对水中磺胺类药物的吸附

磺胺类药物是用于预防和治疗细菌及某些真菌感染性疾病的化学治疗药物，是应用最早的一类人工合成抗菌药物，其分子中含有一个苯环，一个对位氨基和一个磺酰胺基，具有抗菌谱广、疗效强、方便安全等优点。因此，应用较为广泛。目前，由于抗生素的滥用，在水、土壤及沉积物中等环境中都检测到抗生素。德国某污水处理厂的出水口和地表水中检测出磺胺类药物[130]。瑞典某医院排放的污水中含有高质量浓度的抗生素药物，如磺胺甲恶唑质量浓度为 12.8 μg/L[131]。磺胺类药物在环境中的残留期较长，并可以通过食物链在各种生物体中富集，使其产生耐药性，从而对人类的健康和环境造成危害。因此，研究磺胺药物的去除和在环境中的迁移已得到科研工作者的重视。

目前国内外对磺胺药物的主要处理方法有吸附法、氧化法和生物降解法等[132-134]。采用氧化法处理含磺胺废水具有速度快、处理效果好等优点，但存在二次污染和处理成本高等问题；生物法具有处理成本低、无二次污染、且微生物又具有较强的可变异性及适应性，已成为处理有机污染物的理想方法，但磺胺药物难以生化降解，以致生物降解法受到了严重的限制。吸附法在处理磺胺药物时，具有工艺简单、处理效率高、可资源回收污染物等优点，而且吸附剂可再生重复使用，不会对环境造成二次污染，已成为目前主要研究方法之一。

磺胺药物在土壤和底泥中的迁移主要受土壤成分、水体的 pH、阳离子种类和腐殖酸等影响[135, 136]。Boxall 等人[135]研究了磺胺药物在土壤中的吸附和迁移行为，发现磺胺药物的吸附随着 pH 的升高而降低。Gao 和 Pedersen[136]研究了磺胺药物在黏土矿物上的吸附，发现 pH、吸附质种类和矿物类型均影响磺胺药物吸附。然而，到目前为止，还没有系统地研究磺胺药物在 SiO_2 上的吸附行为，而 SiO_2 是地壳的主要组成部分。因此，研究磺胺药物在 SiO_2 上的吸附行为，有助于更好地评价磺胺药物在水环境中的迁移行为。

介孔材料 SBA-15 由于具有较大的比表面积，较宽的孔径和较厚的孔壁已应用于水处理过程中，并且 SBA-15 可作为催化剂的载体去除水中的有机物。此外，SBA-15 主要由 SiO_2 组成，而 SiO_2 是地壳的主要组成部分。因此，研究磺胺药物在 SBA-15 上的吸附行为可以为推测磺胺药物在水环境中的迁移行为并评价 SBA-15 作为催化剂载体在催化过程中的作用提供理论指导和技术支持。

本节的主要内容是选择三种磺胺药物（磺胺二甲嘧啶、磺胺甲恶唑和磺胺甲二唑）作为吸附质，磺胺药物的主要性质参数见表 5.1，考察不同因素对磺胺药物在 SBA-15 上的吸附影响，并探讨磺胺药物在 SBA-15 上的吸附机理。

表 5.1　磺胺药物的主要性质参数

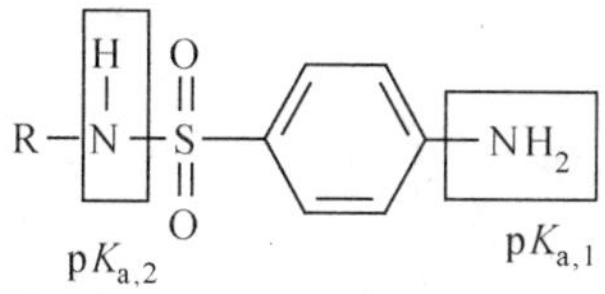

名称	简写	R	相对分子质量	logD	S(g/L)	$pK_{a,1}$	$pK_{a,2}$
磺胺二甲嘧啶	SMT	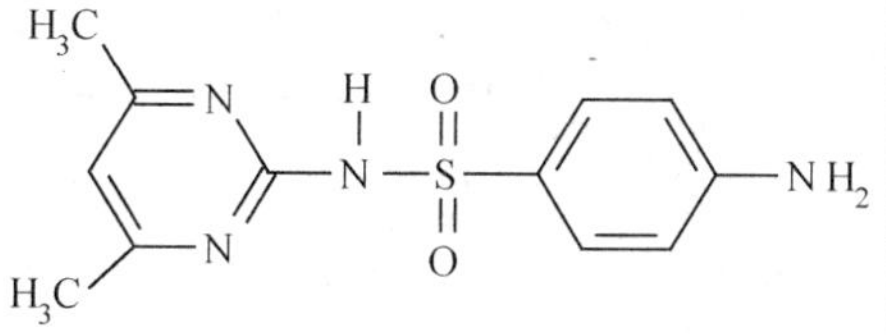	278.3	0.29	0.31	2.07	7.49
磺胺甲恶唑	SMX	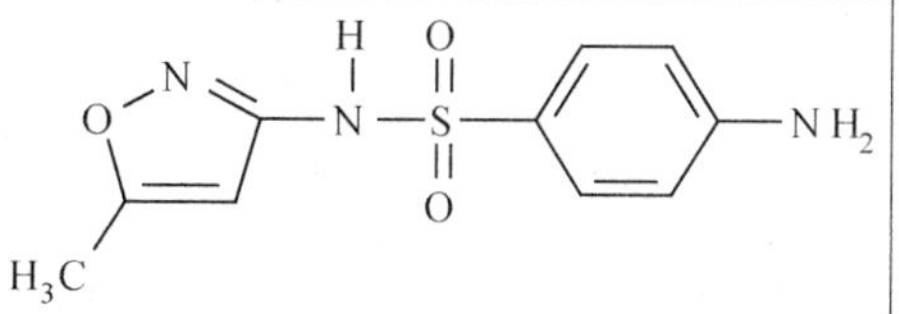	253.3	0.63	0.41	1.85	5.60
磺胺甲二唑	SML	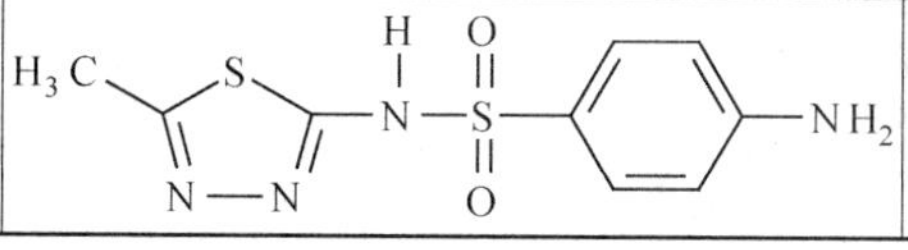	270.3	0.39	0.73	1.86	5.29

5.1　SBA-15 对磺胺的吸附效果

5.1.1　接触时间对 SBA-15 吸附磺胺的影响

接触时间对 SBA-15 吸附磺胺的影响如图 5.1 所示。从图中可以看出，SBA-15 对 SMT、SMX 和 SML 的吸附在 1 min 内即达到平衡，平均去除率分别为 64.8%，57.5%和 41.4%。三种磺胺的去除率大小顺序依次为 SMT＞SMX＞SML，这可能与不同磺胺类药物的分子结构有关。此外，这种快速达到吸附平衡的情况表明磺胺药物不需要扩散到微孔内，并且吸附发生在易于到达的吸附点位。Bui 和 Choi[137]认为这种快速的吸附速率

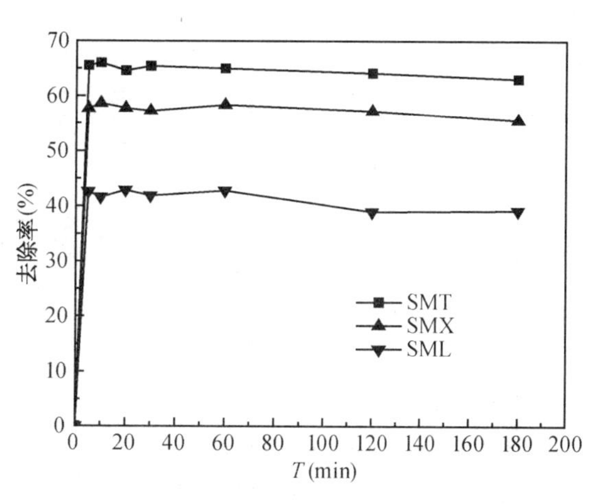

图 5.1　接触时间对 SBA-15 吸附磺胺的影响

是由 SBA-15 具有均匀有序的较大孔径结构引起的。

5.1.2 吸附等温线

图 5.2 表示在温度分别为 288K，298 K 和 308K 下 SBA-15 吸附磺胺的等温线。从图中可以看出，所有的吸附等温线均呈折线形式，并且吸附随着温度的升高而降低，说明磺胺药物在 SBA-15 上存在不同的吸附点位，吸附为放热过程。当磺胺初始浓度较低时，磺胺在 SBA-15 的孔道外发生吸附；当磺胺初始浓度较大时，磺胺在 SBA-15 的孔道内发生吸附。Guo 等人[138]研究对氯硝基苯在沸石上的吸附也发现相同的现象，即存在两阶段吸附。从图中还可以看出，当磺胺平衡浓度小于 40 μmol/L 时，吸附等温线呈线性增加；当磺胺平衡浓度大于 40 μmol/L 时，吸附等温线也呈线性增加。因此，为了描述吸附等温线，可用线性模型，即分配系数 K_d(L/g)进行拟合，方程式如下：

$$K_d = \frac{q_e}{C_e} \qquad C_e < 40\ \mu\text{mol/L} \tag{5.1}$$

$$K_d = \frac{q_e}{C_e} + b \qquad C_e > 40\ \mu\text{mol/L} \tag{5.2}$$

式中，q_e(μmol/g)和 C_e(μmol/L)分别为吸附质在固体表面上的吸附量和溶液中平衡浓度。根据线性吸附模型计算得到的结果如表 5.2 所示。

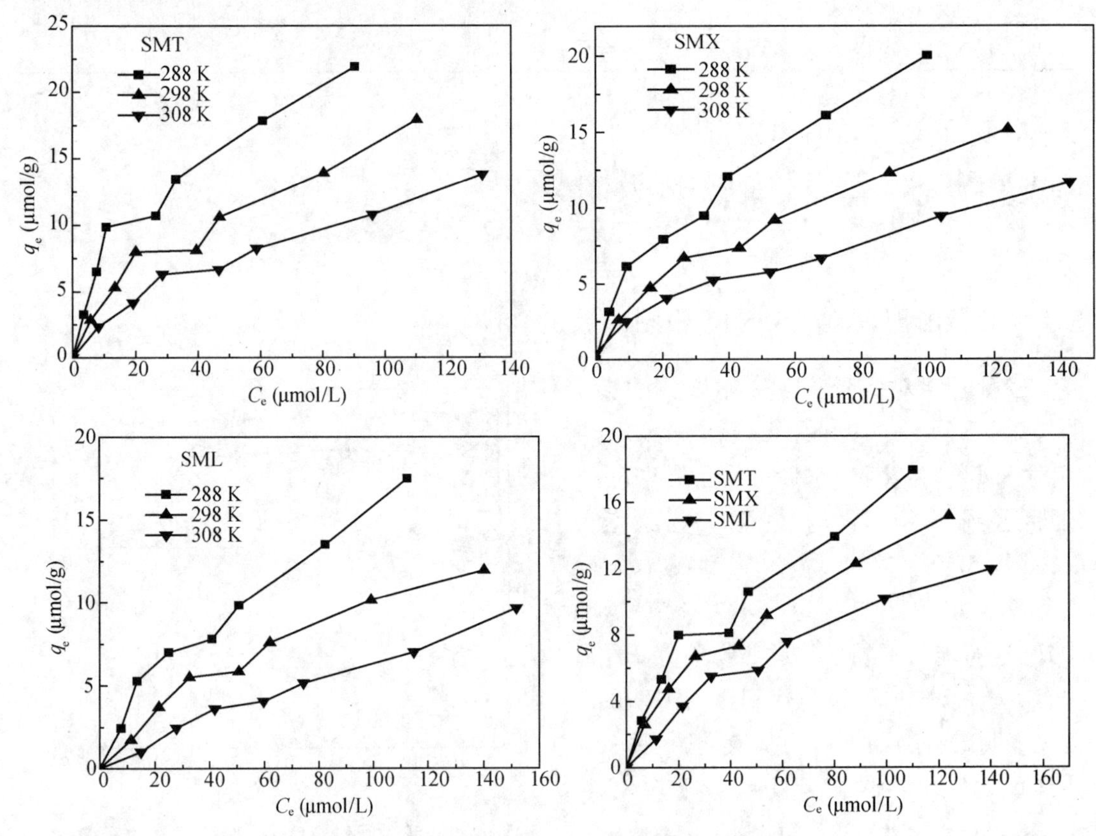

图 5.2 不同温度下 SBA-15 吸附磺胺的等温线

表 5.2　不同温度下 SBA-15 吸附磺胺的线性模型参数

磺胺	温度(K)	C_e< 40 μmol/L		C_e> 40 μmol/L	
		K_d(L/g)	R^2	K_d(L/g)	R^2
SMT	288	0.899	0.997	0.147	0.998
	298	0.403	0.991	0.115	0.993
	308	0.224	0.987	0.077	0.995
SMX	288	0.446	0.810	0.133	0.999
	298	0.269	0.964	0.086	0.999
	308	0.152	0.932	0.068	0.992
SML	288	0.306	0.942	0.124	0.999
	298	0.169	0.997	0.056	0.984
	308	0.085	0.989	0.056	0.983

从表 5.2 中可以看出，线性模型均可较好地拟合吸附等温线，随着温度的升高，线性分配系数均降低。在相同的温度下，SBA-15 对 SMT 的吸附是 SMX 的 2 倍，是 SML 的 3 倍，表明 SMT 在 SBA-15 上的结合力最强。磺胺的 $pK_{a,2}$顺序依次为 SMT>SMX>SML，与磺胺吸附能力顺序一致。在 pH 5.0，SBA-15 表面带负电。静电排斥作用，可以推测 $pK_{a,2}$越小的磺胺，吸附能力越小。为了考察吸附热，单位摩尔吸附热可以用 van′t Hoff 公式计算，方程式如下：

$$\frac{d(\ln K_d)}{d\left(\frac{1}{T}\right)}=-\frac{\Delta H_{ad}}{R} \tag{5.3}$$

式中，ΔH_{ad}是吸附质的吸附热（kJ/mol），R 是气体常数（8.31 J/(K・mol)），K_d是 C_e< 40 μmol/L 时的吸附分配系数（L/g）。根据式 5.3 得出 $\ln K_d$与 $1/T$ 的关系如图 5.3 所示。

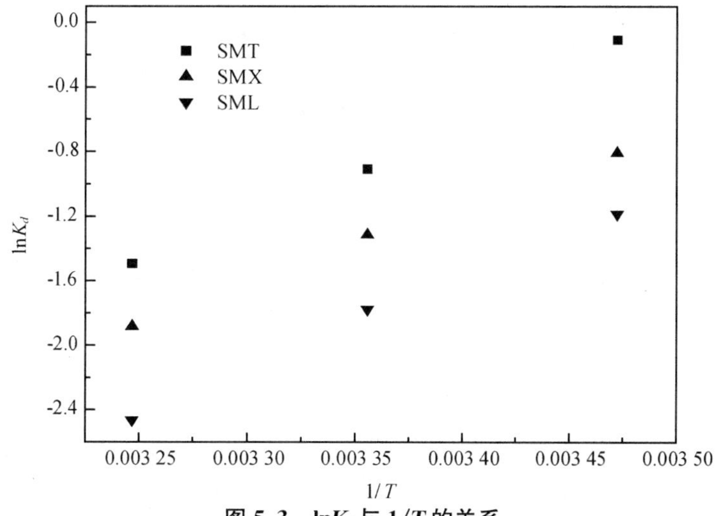

图 5.3　$\ln K_d$与 $1/T$ 的关系

从图中可计算得出的 ΔH_{ad} 分别为 −51.3 kJ/mol（SMT）、−39.6 kJ/mol（SMX）和 −47.2 kJ/mol（SML），吸附热为负值，说明吸附是放热过程。

5.1.3 pH 对 SBA-15 吸附磺胺的影响

pH 对 SBA-15 吸附磺胺药物的影响如图 5.4 所示。从图中可以看出，三种磺胺药物随着 pH 的升高而降低。在 pH 大于 6.0 时，SBA-15 基本不吸附 SMX 和 SML。SBA-15 的 pH_{zpc} 约为 4.0。当 pH>6.0 时，SBA-15 表面带负电。SMX 和 SML 的二级电离常数分别为 5.60 和 5.29，当 pH>6.0 时，绝大多数的 SMX 和 SML 以负离子态形式存在。因此，由于静电排斥作用，SBA-15 基本不吸附磺胺。当 pH 降低时，磺胺主要以分子态形式存在，随着 pH 的降低，磺胺的吸附能力增加。

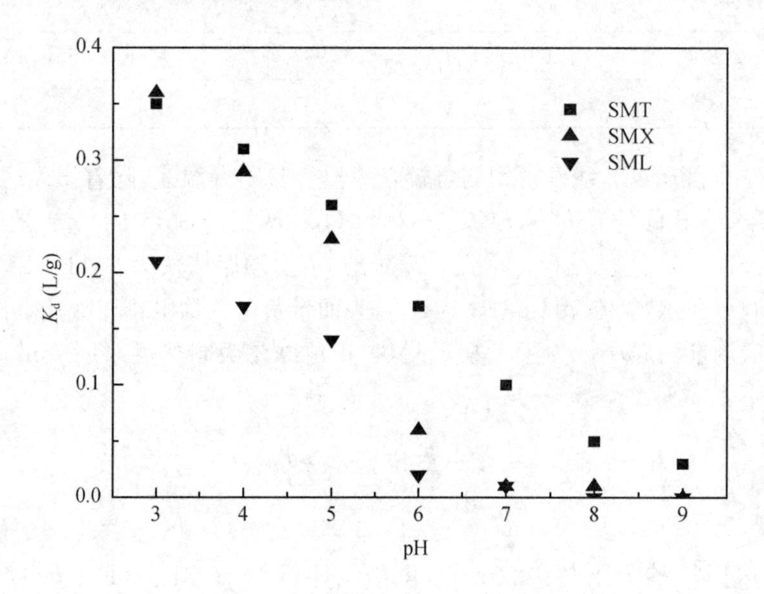

图 5.4 pH 对 SBA-15 吸附磺胺的影响

Bajpai 等人[139]研究了氨苯磺胺、磺胺嘧啶和磺胺甲恶唑在 Al_2O_3 上的吸附，认为磺胺在 Al_2O_3 上的吸附属于氢键作用，即[139]：

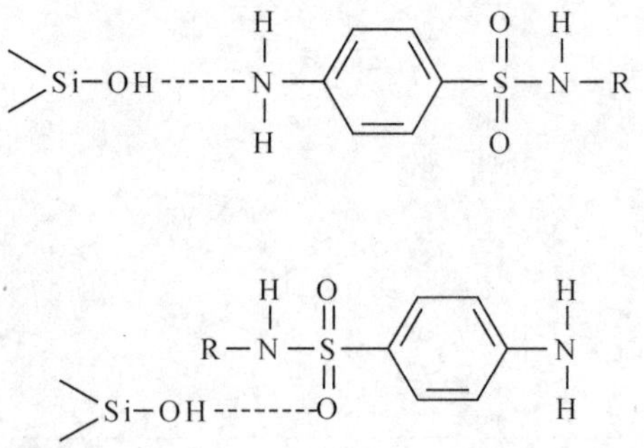

其中 SBA-15 表面羟基与氨基形成的氢键占主导作用，因为，氨基的尺寸比磺胺基的尺

寸小，氨基更容易与—OH 形成氢键。

5.1.4　离子强度对 SBA-15 吸附磺胺的影响

离子强度对 SBA-15 吸附磺胺药物的影响如图 5.5 所示。当溶液中存在 0.001 mol/L 的 NaCl 时，三种磺胺的分配系数均降低。进一步增加离子强度至 0.1 mol/L 时，SMT 的分配系数减少而 SMX 和 SML 的分配系数不变。在 pH 5.0，SBA-15 的表面带负电，阳离子可以通过静电吸引吸附到 SBA-15 表面并占据 SBA-15 孔道的空间形成空间位阻作用。因此，增加离子强度有可能减少磺胺的吸附。

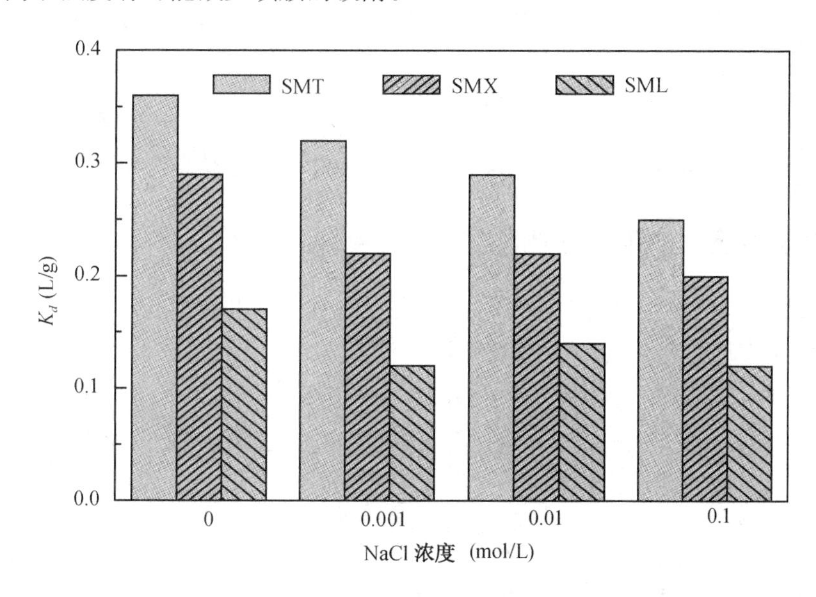

图 5.5　离子强度对 SBA-15 吸附磺胺的影响

5.1.5　阳离子种类对 SBA-15 吸附磺胺的影响

不同阳离子对有机物在吸附剂上的吸附也有重要影响。Haderlein 和 Schwarzenbach[45] 发现当溶液中存在较强水合阳离子（Na^+，Mg^{2+}，Ca^{2+}，Al^{3+}）时，高黏土基本不吸附硝基苯类化合物，而当溶液中存在弱水合阳离子（NH_4^+，K^+，Cs^+）时，高黏土吸附硝基苯类化合物随着阳离子水合自由能的降低而升高。Chen 等人[97]发现当溶液中存在 Ag^+ 时可以提高黑炭对憎水有机化合物的吸附。水体中常见的阳离子（Ca^{2+}、Mg^{2+}、Cu^{2+}）对 SBA-15 吸附磺胺的影响如表 5.3 所示。从表中可以看出，在 pH 4.5 时，Ca^{2+} 和 Mg^{2+} 的存在降低了磺胺的吸附，而 Cu^{2+} 基本不影响磺胺的吸附。在 pH 6.0 时，Ca^{2+} 和 Mg^{2+} 降低了磺胺的吸附，而 Cu^{2+} 明显影响 SBA-15 吸附 SMX 和 SML，其中 Cu^{2+} 对 SBA-15 吸附 SML 的影响最大，吸附分配系数升高。Diaz-Flores 等人[140]研究了苯酚在 N 掺杂碳纳米管上的吸附，发现 Cd^{2+} 预吸附有利于苯酚的吸附。作者认为，Cd^{2+} 与碳表面含氧官能团配位降低了苯酚与吸附剂之间的排斥力。Ji 等人[141]研究了四环素在碳纳米管上的吸附，发现 Cu^{2+} 能提高四环素的吸附。作者认为，Cu^{2+} 与四环素上的羟基和氨基发生配位后，再与碳纳米管上羧基和羟基发生配位，最终形成三重配位体，从而提高四环素的吸附能力。本实验中，在 pH 6.0 时，SMX 和 SML 主要以负离子形式存在，Cu^{2+} 能与 SMX 和 SML 配位降低 SMX 和 SML 与 SBA-15 表面之间的静电排斥作用，从而提高 SMX 和 SML 的吸附。

表 5.3　阳离子种类对 SBA-15 吸附磺胺的影响

磺胺	pH 4.5				pH 6.0			
	0	Ca^{2+}	Mg^{2+}	Cu^{2+}	0	Ca^{2+}	Mg^{2+}	Cu^{2+}
SMT	0.34	0.30	0.30	0.33	0.19	0.18	0.17	0.15
SMX	0.22	0.20	0.22	0.23	0.10	0.08	0.09	0.15
SML	0.14	0.13	0.12	0.14	0.05	0.03	0.03	0.18

5.1.6　混合溶液中的磺胺吸附

图 5.6 为磺胺在混合溶液中的吸附等温线。从图中可以看出，吸附等温线仍然呈折线形式，三种磺胺药物在混合溶液中的吸附均降低。当 C_e < 40 μmol/L 时，SBA-15 对 SMT 的吸附从 0.403 L/g 降低到 0.332 L/g，对 SMX 的吸附从 0.269 L/g 降低到 0.220 L/g，对 SML 的吸附从 0.169 L/g 降低到 0.100 L/g，说明磺胺之间存在竞争吸附。这可能是由于它们存在相似的吸附点位引起的。

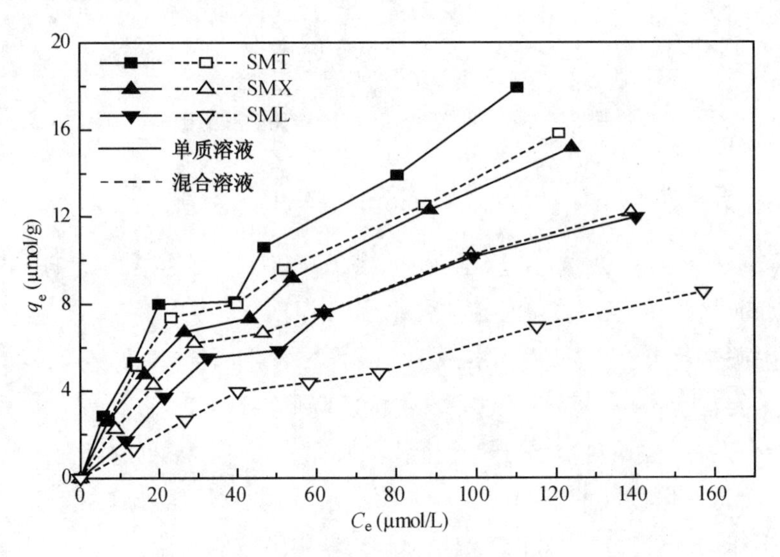

图 5.6　混合溶液中磺胺的吸附

在竞争吸附过程中，一些研究表明，由于吸附质在吸附剂上发生吸附，从而导致吸附剂表面性质的改变，并能提高吸附剂对溶液中整体有机物的去除[106,107]。Brusseau 发现溶液中四氯乙烯(TCE)的存在能提高萘、对二甲苯和 1，4-二氯苯在矿物上的吸附，这是由于

TCE 的协同作用，即 TCE 的吸附提高了矿物中有效有机碳的含量。Zhang 等人发现在苯酚和苯胺混合溶液中，非极性树脂能提高溶液中整体有机物的去除，这是由于吸附上的苯酚或苯胺与溶液中的苯胺或苯酚发生了酸碱作用。但是，在本实验中，并没有观测到磺胺药物的协同吸附作用。

5.1.7　再生对 SBA-15 吸附磺胺的影响

一个良好的吸附剂在吸附饱和再生后对吸附质应该也有较好的吸附效果。图 5.7 表示吸附再生后 SBA-15 对磺胺的吸附效果。从图中可以看出，SBA-15 再生后对磺胺的吸附能力降低，当 C_e＜40 μmol/L 时，SBA-15 再生前后对 SMT 的吸附从 0.403L/g 降低至 0.273 L/g，对 SMX 的吸附从 0.269 L/g 降低至 0.199 L/g，对 SML 的吸附从 0.169 L/g 降低至 0.119 L/g，说明再生后 SBA-15 的吸附能力降低。这主要可能由于再生过程中破坏了 SBA-15 的孔道结构，从而减少比表面积，并减少吸附点位，降低了 SBA-15 的吸附。但是，总体来说，再生后 SBA-15 对磺胺仍表现良好的吸附效果。

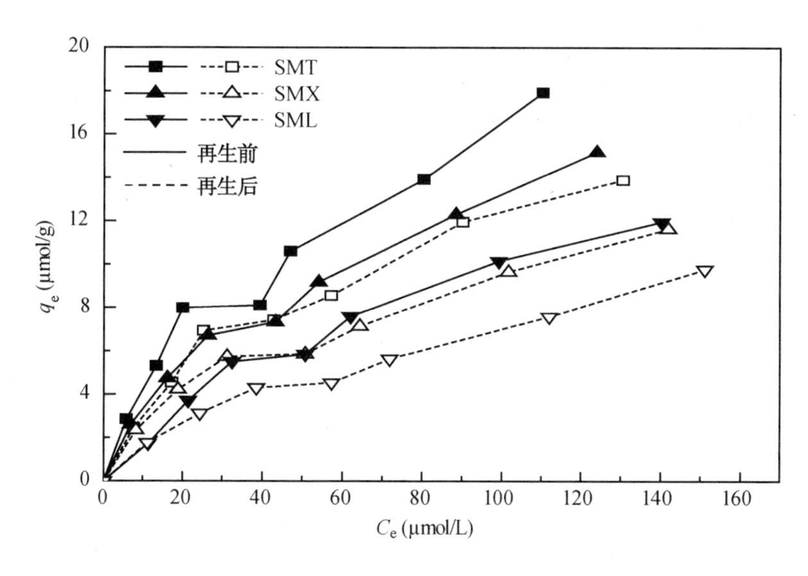

图 5.7　SBA-15 再生后对磺胺的吸附

5.2　本章小结

本章研究了 SBA-15 吸附水中三种磺胺药物（SMT、SMX 和 SML）的性能，考察了接触时间、温度、pH 等因素对 SBA-15 吸附磺胺的影响，并探讨了吸附机理，主要结论如下：

（1）SBA-15 对磺胺的吸附在 1 min 内达到平衡，吸附去除率顺序为SMT＞SMX＞SML。

（2）随着温度和 pH 的增加，SBA-15 对磺胺的吸附量降低；增加离子强度降低磺胺吸附,进一步增加离子强度不影响 SMX 和 SML 吸附;推测磺胺在 SBA-15 上的吸附属于氢键作用。

(3) 不同阳离子种类对磺胺的吸附影响不同,在 pH 4.5 时, Ca^{2+} 和 Mg^{2+} 的存在降低了磺胺的吸附,而 Cu^{2+} 基本不影响磺胺的吸附;在 pH 6.0 时, Ca^{2+} 和 Mg^{2+} 降低了磺胺的吸附,而 Cu^{2+} 明显影响 SBA-15 吸附 SMX 和 SML。

(4) 竞争吸附表明,三种磺胺在 SBA-15 上的吸附点位相似。

(5) 再生后 SBA-15 对磺胺的吸附能力降低。

第6章　氨基化 MCM-41 对水中染料的吸附

在全世界范围内，纺织工业、造纸工业和染料工业产生的生产废水排入环境中引起了人们广泛的关注[142,143]。其中，色度是主要的问题，当水中存在少量的染料时（小于 1 mg/L）就能产生色度和感官问题。另外，一些染料在光、氧化剂和生物的作用下很难被降解，并且被认为可能是致癌和致畸物质[144]。因此，在染料废水排入环境之前，有必要进行适当的处理。

常见的染料废水处理方法有吸附分离、化学氧化和生物降解。其中，吸附分离技术在处理染料废水时被认为是最有效和可行的方法[144]。在应用吸附分离技术处理染料废水时，吸附剂的选择被认为尤其重要。具有较大比表面积的功能化多孔吸附材料在处理染料废水时则表现出了优良的去除效果[145]。许多多孔的、晶型的、无定型吸附剂，如沸石，活性炭，木质素，离子交换树脂和聚合物等被用来处理染料废水。这些吸附剂具有多种表面化学性质和宽广的孔径分布[146—148]。目前，有序介孔材料的发现在合成、表征和应用方面已引起了人们广泛的关注[11]。

MCM-41 介孔分子筛作为 M41S 的一种，具有高的比表面积和有序的六角圆柱孔径已被广泛地应用于择形催化，选择性吸附分离，化学传感器和纳米技术等[12]。MCM-41 介孔分子筛具有相当大的表面积，较窄的孔径分布和一定的憎水性。最近，MCM-41 已经应用于废水处理中去除碱性染料，发现去除效果较好[20, 40, 149]。众所周知，由于 MCM-41 表面的 Si—O 官能团和 Si—OH 官能团的原因，MCM-41 表面带负电，因此，该材料只能吸附带正电的染料。为了提高 MCM-41 的吸附范围，表面改性对于提高 MCM-41 对特殊物质的吸附具有重要意义[66, 150]。

本章用 3-氨丙基三甲氧基硅烷（3-aminopropyltrimethoxysilane，APTS）改性 MCM-41，并得到表面带正电的 MCM-41（NH_3^+-MCM-41）来去除水中的酸性染料甲基橙（Methyl Orange, MO）、橙Ⅳ（Orange Ⅳ，OⅣ）、活性艳红 X-3B（Reactive Brilliant Red X-3B，X-3B）和酸性品红（Acid Fuchsine，AF），各种染料化合物的主要性质参数见表 6.1。考察了接触时间、温度、pH 和竞争阴离子对 NH_3^+-MCM-41 吸附特性的影响。吸附等温线用 Langmuir 模型描述，吸附动力学用来描述吸附过程。

表 6.1　各种染料化合物的主要性质参数

名称	分子结构式	相对分子质量	λ_{max} (nm)
甲基橙 Methyl Orange (MO)	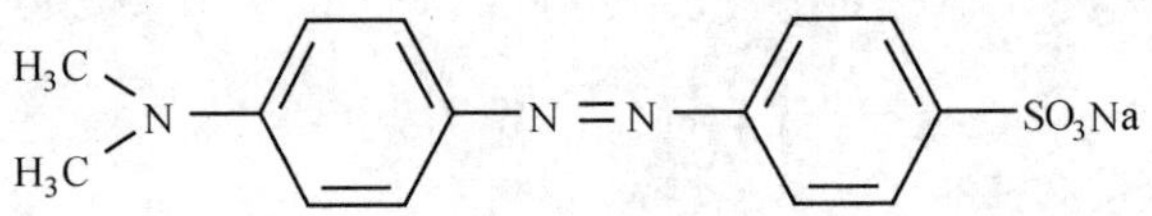 H_3C H_3C N N=N SO_3Na	327.3	464
橙Ⅳ Orange Ⅳ (OⅣ)	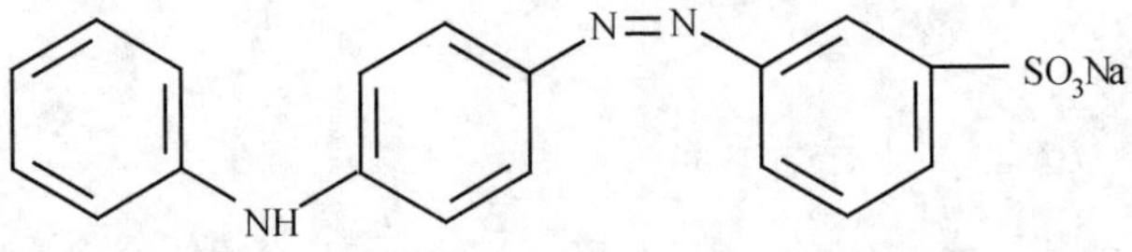 N=N SO_3Na NH	375.4	476
酸性品红 Acid Fuchsine (AF)	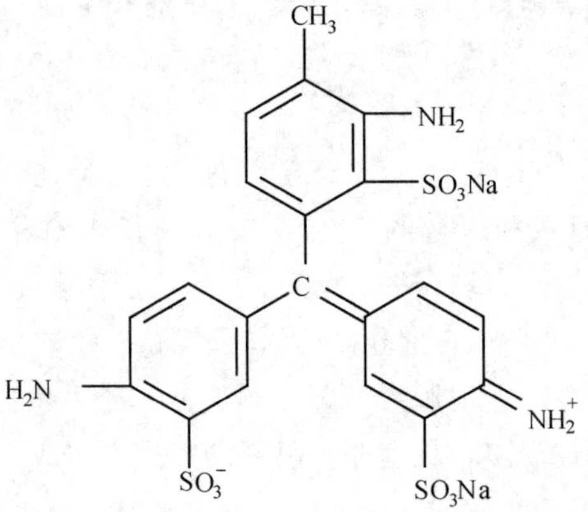 CH_3 NH_2 SO_3Na C H_2N SO_3^- NH_2^+ SO_3Na	585.5	544
活性艳红 X-3B Reactive Brilliant Red X-3B (X-3B)	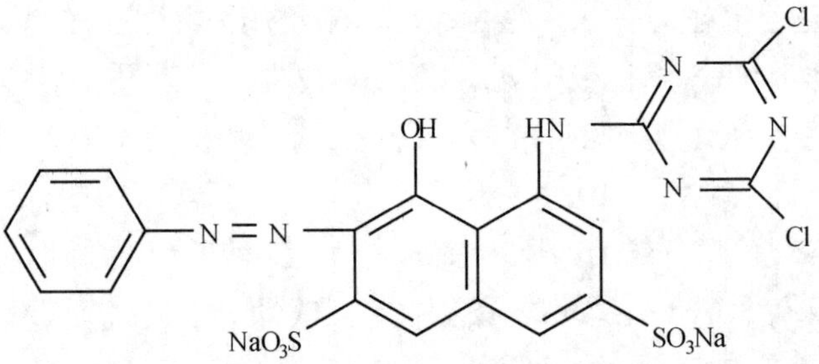 Cl N N N Cl OH HN N=N NaO_3S SO_3Na	615.3	538

6.1　改性 MCM-41 的表征

图 6.1 是 MCM-41 和改性后 MCM-41 的 XRD 图谱，从图中可以看出，在碱性条件下制备的 MCM-41 在 2θ 为 1.80°有较强的衍射峰，并且在 3.38°和 3.96°也有较强的衍射峰，分别对应于(100)，(110)和(200)晶面，这与文献报道的具有六方对称特征的典型介孔材料 MCM-41 的特征衍射峰相符合[14]，表明所合成的 MCM-41 具有长程有序的六方形介孔结

构并且结晶度好。计算得出的面间距 d_{100} 为 4.92 nm，晶胞参数 a_0（$a_0 = 2d_{100}/\sqrt{3}$）为 5.68 nm。NH_2-MCM-41 在 2θ 为 1.80°也有较强的衍射峰，并且在 3.35°和 4.00°有较弱的衍射峰，说明氨基化的 MCM-41 未改变 MCM-41 的结构特征，计算得出的面间距 d_{100} 为 4.92 nm，晶胞参数 a_0 为 5.68 nm。当用 HCl 溶液使 NH_2-MCM-41 表面带正电后，NH_3^+-MCM-41 在 2θ 为 1.78°的衍射峰强度变弱，这是由于增加的 H^+ 占据了 NH_2-MCM-41 的孔道使得衍射能力变弱。从 NH_3^+-MCM-41 的 XRD 图谱中还可以看出，在 2θ 为 3.39°和 3.95°处也有较弱的衍射峰，说明质子化后的 MCM-41 保持良好的长程有序六方形介孔结构，计算得出的面间距 d_{100} 为 4.97 nm，晶胞参数 a_0 为 5.74 nm。

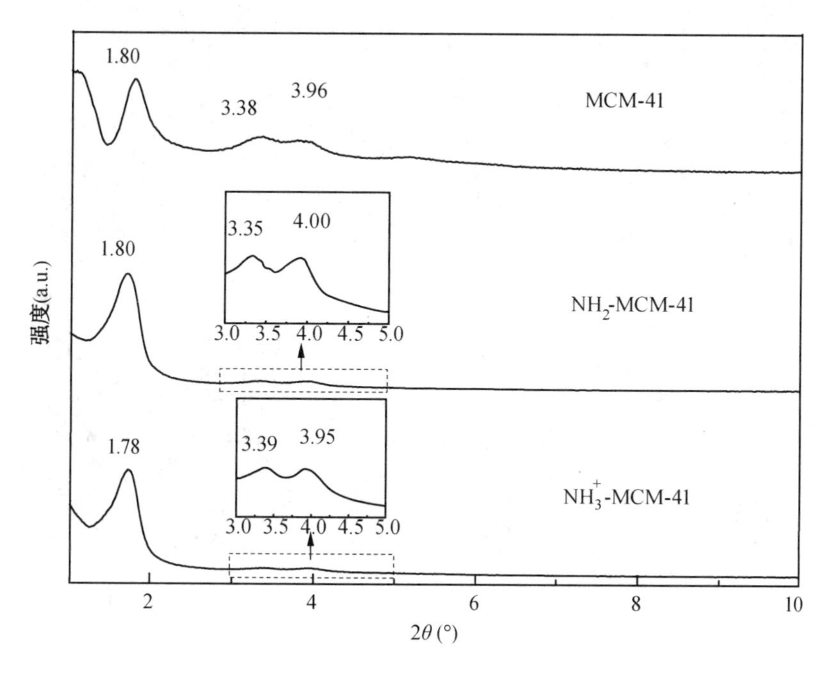

图 6.1　MCM-41，NH_2-MCM-41 和 NH_3^+-MCM-41 的 XRD 图谱

图 6.2 是 MCM-41 和改性后 MCM-41 的 SEM 和 TEM 图，从 SEM 图可以看出，MCM-41 和改性后 MCM-41 的表面较粗糙，颗粒形貌不规则，颗粒大小分布不均匀，最大颗粒直径可达 5 μm。从 TEM 图中可以看出，MCM-41 和改性后 MCM-41 均具有良好的六方形介孔结构，孔径分布均匀，孔径大小在 3～4 nm 之间，改性方法未改变 MCM-41 的介孔结构特征。

图 6.3 是 MCM-41 和改性后 MCM-41 的 N_2 吸附-脱附等温线。图 6.4 是由 N_2 吸附-脱附等温线经 BJH 计算方法得到 MCM-41 和改性后 MCM-41 的孔径分布曲线。

从图 6.3 可以看出，MCM-41 和改性后 MCM-41 呈现标准的 Langmuir Ⅳ型等温线，是典型的介孔结构特征，并且 N_2 吸附-脱附等温线没有明显的滞后环，表明样品孔道结构高度均匀有序。对于 MCM-41，在低分压段（$P/P_0 < 0.3$）时，N_2 的吸附量随 P/P_0 的升高呈线性增加，这是由于 N_2 在孔表面发生单分子层吸附所致。在 P/P_0 为 0.3～0.4 时，由于

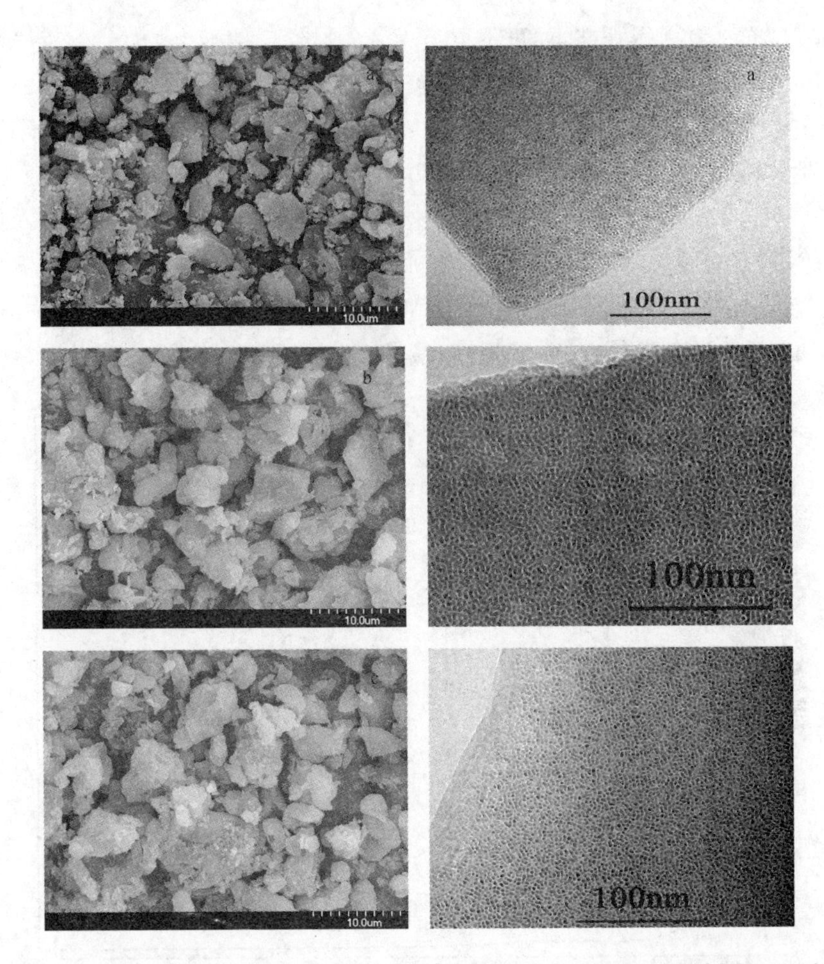

图 6.2　MCM-41(a), NH_2-MCM-41(b)和 NH_3^+-MCM-41(c)的 SEM(左边)和 TEM(右边)

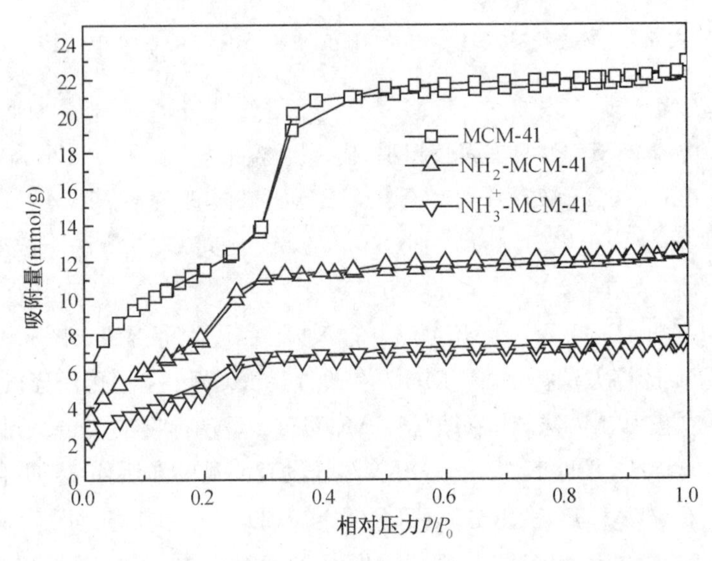

图 6.3　MCM-41, NH_2-MCM-41 和 NH_3^+-MCM-41 的 N_2 吸附-脱附等温线

N_2的毛细管凝聚作用，N_2的吸附量急剧增加。这一突跃位置取决于样品的孔径大小，发生突跃时的 N_2分压值越大，则样品的孔径越大，反之亦然。另一方面，此阶段 N_2吸附量变化的大小可作为衡量介孔均一性的依据，即变化率越大则表明孔分布越均一，规整性越高。从图 6.4 可以看出，MCM-41 具有较窄范围的孔径分布。在 $P/P_0>0.4$ 时，N_2吸附等温线出现一个相当宽的平台，吸附得到平衡，说明外部的比表面积较低并且介孔率可以忽略不计。对于 NH_2-MCM-41 和 NH_3^+-MCM-41，N_2吸附-脱附等温线与 MCM-41 相似，说明改性后 MCM-41 的有序介孔结构特性没有改变。而 N_2的毛细管凝聚作用发生在 P/P_0为 0.2 时，这一变化可以归属于改性剂嫁接在 MCM-41 孔道内使得 MCM-41 的孔径和孔容降低，从而导致了毛细管凝聚现象在相对较低的压力时发生。由 N_2吸附-脱附等温线计算可得到 MCM-41，NH_2-MCM-41 和 NH_3^+-MCM-41 的 BET 比表面积分别为 942 m^2/g、645 m^2/g 和403 m^2/g，孔容分别为 0.88 cm^3/g、0.51 cm^3/g 和 0.34 cm^3/g，BJH 平均孔径分别为 2.91 nm、2.53 nm 和2.68 nm。表明改性后 MCM-41 的比表面积、孔容和孔径均减小。

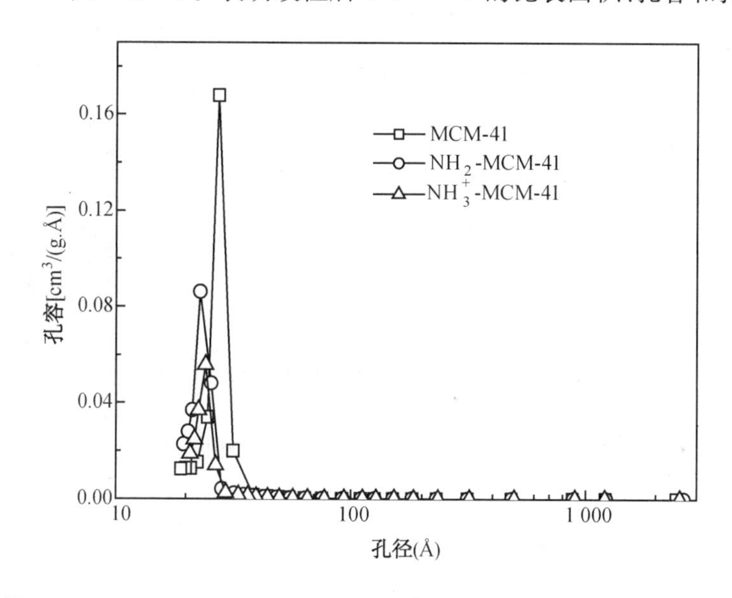

图 6.4　MCM-41，NH_2-MCM-41 和 NH_3^+-MCM-41 的 BJH 孔径分布图

由图 6.4 可以看出，改性后 MCM-41 的最可几孔径降低，说明改性官能团已成功嫁接在孔道内。MCM-41 孔径分布较窄，分布范围为 1.9～4.4 nm，其最可几孔径为 2.74 nm，NH_2-MCM-41 的孔径分布范围为 1.9～3.9 nm，其最可几孔径大约为 2.13 nm，NH_3^+-MCM-41 的孔径分布范围为 1.9～3.7 nm，其最可几孔径大约为 2.42 nm，说明氨基化后 MCM-41 的孔径变小。NH_2-MCM-41 的最可几孔径比 NH_3^+-MCM-41 最可几孔径小，这是由于 H^+ 进入 NH_2-MCM-41 的孔道内，使部分介孔和微孔消失。

图 6.5 显示了 MCM-41 氨基化前后的红外光谱图。在 MCM-41 的红外振动光谱中，3470 cm^{-1} 附近的强峰属于吸附水分子和表面羟基(—OH)的不对称伸缩振动吸收，960 cm^{-1} 为表面羟基的面外弯曲振动。1 090 cm^{-1} 附近的吸收峰对应 MCM-41 骨架中

Si—O—Si 键的对称伸缩振动峰。1 630 cm^{-1}附近的吸收峰对应吸附水分子的弯曲振动。480 cm^{-1}和 800 cm^{-1}附近的吸收峰归属于 Si—O 伸缩振动和 Si—O 四面体弯曲振动。由于 APTS 与 MCM-41 中的—Si—OH 反应,在 2 940 cm^{-1}附近的吸收峰对应 C—H 键的伸缩振动峰,而在 3 470 cm^{-1},1 630 cm^{-1}和 960 cm^{-1}附近的吸收峰的强度降低了,说明硅烷化后大部分羟基被甲基取代。在 1 600 cm^{-1}附近并没有出现 NH_2 的对称伸缩振动峰,在 3 380 cm^{-1} 和 3 310 cm^{-1}也没有出现 NH 键伸缩振动峰[151]。这可能是氨基嫁接在 MCM-41 的孔道内,使 IR 光谱的灵敏度降低。

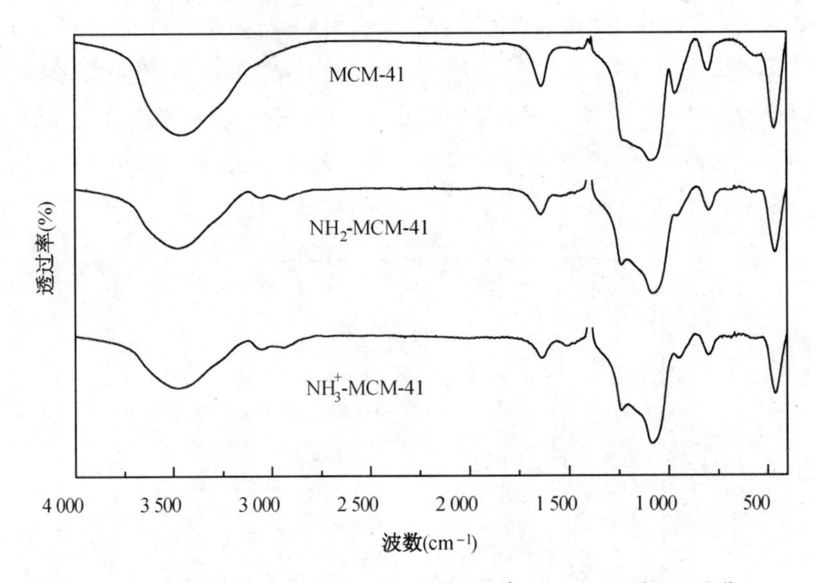

图 6.5 MCM-41, NH_2-MCM-41 和 NH_3^+-MCM-41 的 IR 图谱

氨基化后 MCM-41 的热稳定性采用热重分析,结果如图 6.6 所示。

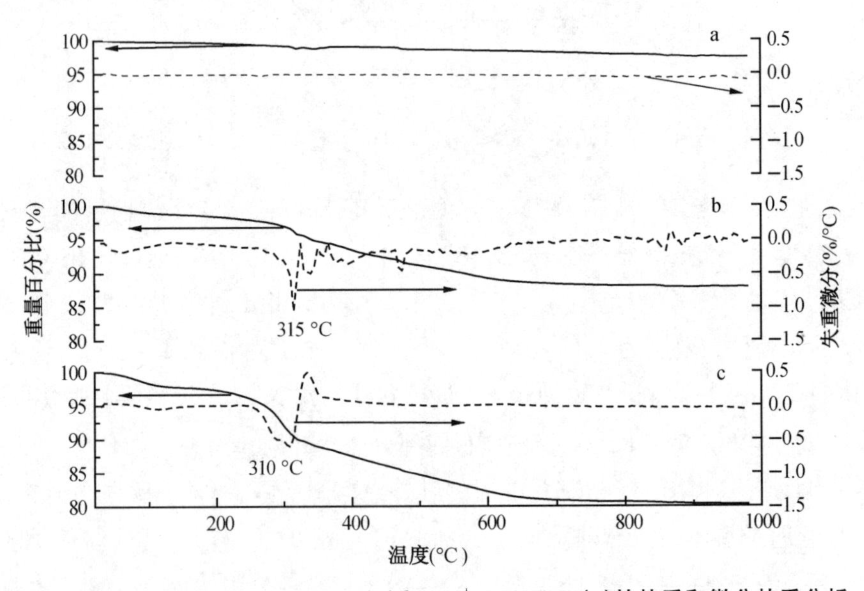

图 6.6 MCM-41(a),NH_2-MCM-41(b)和 NH_3^+-MCM-41(c)的热重和微分热重分析

从图 6.6(a)中可以看出，MCM-41 在温度从 30℃升高到 1 000℃内，重量损失 2.6%。在 30～120℃的重量损失为 0.2%，属于 MCM-41 外表面物理吸附水和孔道内表面物理吸附的水，在 120～1 000℃的重量损失为 2.4%，属于表面的结晶水、MCM-41 中残存的表面活性剂分解燃烧和表面硅羟基缩聚形成硅氧键(Si—O—Si)。在温度 120～1 000℃范围内，未有 MCM-41 骨架坍塌而引起的放热峰，说明在碱性条件下合成的 MCM-41 热稳定性良好。在图 6.6(b)中，NH_2-MCM-41 在温度从 30℃升高到 1 000℃内，重量损失 12.1%，从室温升到 120℃时的重量损失为 1.2%。在温度 315℃左右，NH_2-MCM-41 的损失量突然增加，说明在此温度，氨基已经开始被高温大量分解。在 275～750℃的重量损失为 9.4%，属于 MCM-41 上氨丙基的分解[80]。在图 6.6(c)中，NH_3^+-MCM-41 在温度从 30℃升高到 1 000℃内，重量损失 19.1%，在室温升到 120℃时的重量损失为 2.1%。在温度 310℃左右，NH_3^+-MCM-41 的损失量突然增加。在 275～750℃的重量损失为 14.1%，属于 MCM-41 上质子化氨丙基的分解。

根据元素分析可以得出 MCM-41，NH_2-MCM-41 和 NH_3^+-MCM-41 中的碳含量分别为 0.08%，6.59%和 5.95%；氮含量分别为 0.33%，2.51%和 2.13%；氢含量分别为 0.3%，1.76%和 2.16%。说明氨基已经成功嫁接到 MCM-41 表面上。改性后 MCM-41 的一些物理和化学参数如表 6.2 所示。

表 6.2　功能化 MCM-41 的物理和化学参数

	d_{100}(nm)	S_{BET}(m^2/g)	孔径(nm)	孔容(cm^3/g)	C(%)	N(%)
MCM-41	4.92	942	2.91	0.88	0.08	0.33
NH_2-MCM-41	4.92	645	2.53	0.51	6.59	2.51
NH_3^+-MCM-41	4.97	403	2.68	0.34	5.95	2.13

6.2　不同改性方法对 MO 的去除效果

Yokoi 等人[66]发现用 Fe^{3+} 配位氨基改性的 MCM-41(Fe/NN-MCM-41)去除水中砷酸根、铬酸根、硒酸根和钼酸根的效果较好。实验中考察了 Fe^{2+} 的加入对 NH_2-MCM-41 吸附 MO 的效果，结果如图 6.7 所示。从图中可以看出，NH_2-MCM-41 基本不吸附 MO，随着溶液中 Fe^{2+} 浓度的增加，NH_2-MCM-41 对 MO 吸附效果逐渐增加。在 60 min，当加入 Fe^{2+} 的浓度从 1 mg/L 增加到 15 mg/L 时，MO 的吸附量从 0.129 mmol/g 增加到 0.362 mmol/g，去除率从 14.3%增加到 40.2%。其中 Fe^{2+} 浓度为 5 mg/L 时，MO 的吸附量为0.319 mmol/g，去除率为 35.4%。实验表明溶液中加入 Fe^{2+} 能增加 NH_2-MCM-41 对 MO 的吸附，当 Fe^{2+} 浓度增加到一定程度时，吸附量不再升高。由此可以推断，Fe^{2+} 能与 NH_2-MCM-41 进行表面配位使其带正电并由静电吸引的作用吸附去除 MO。当 Fe^{2+} 的浓度增加到一定程度时，由于 NH_2-MCM-41 达到表面配位饱和，增加 Fe^{2+} 浓度不能再增加 NH_2-MCM-41 对 MO 的吸附。另外，从图中可以看出，用 HCl 改性的 NH_2-MCM-41 对 MO 的吸附去除效果最好，在反应时间为 60 min 时，NH_3^+-MCM-41 对 MO 的吸附量为 0.858 mmol/g，去除率为 95.3%，是 Fe^{2+} NH_2-MCM-41 的 2～3 倍。

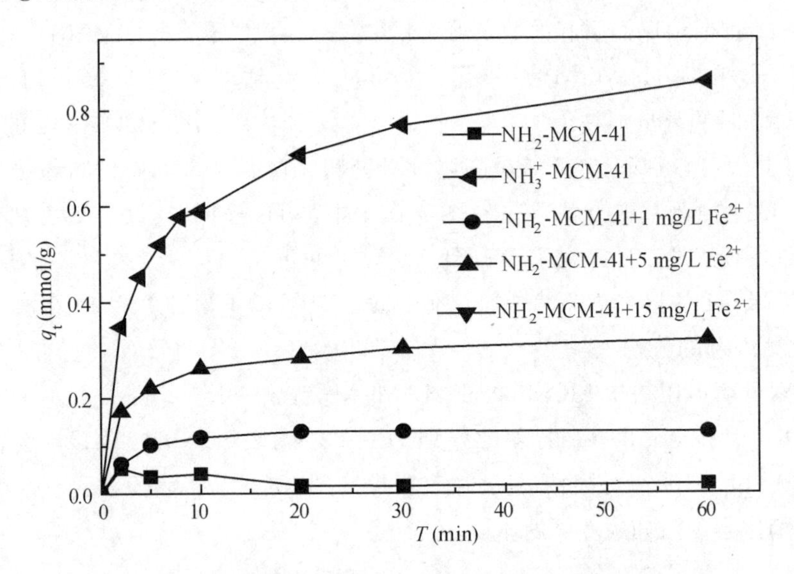

图 6.7　不同改性方法对 NH_2-MCM-41 吸附 MO 的效果

用假二级动力学模型拟合该吸附动力学，得到 Fe^{2+}-NH_2-MCM-41（Fe^{2+} 的投量分别为 1 mg/L、5 mg/L 和 15 mg/L）和 NH_3^+-MCM-41 吸附 MO 的初始速率分别为 0.097 mmol/(g · min)、0.129 mmol/(g · min)、0.125 mmol/(g · min) 和 0.262 mmol/(g · min)，NH_3^+-MCM-41 吸附 MO 的初始速率是 Fe^{2+}-NH_2-MCM-41 的 2 倍左右。因此实验中选用 NH_3^+-MCM-41 吸附水中的酸性染料。

6.3　NH_3^+-MCM-41 对染料的去除效果

6.3.1　吸附动力学

为了考察染料的吸附机理和吸附速率控制步骤，在不同初始浓度下的染料吸附动力学如图 6.8 所示。从图 6.8(a)中可以看出，在不同的初始浓度下，NH_3^+-MCM-41 对 MO 的吸附在 2 min 内具有一个快速吸附过程，说明 MO 与 NH_3^+-MCM-41 表面具有较高的亲和力。在随后的吸附时间内，吸附速率开始下降直至吸附达到平衡，这主要原因可能是 MO 分子的颗粒内扩散造成的。NH_3^+-MCM-41 对 MO 的吸附平衡时间大约在 240 min 并且平衡时间与染料的初始浓度无关。当 MO 的初始浓度分别为 0.21 mmol/L，0.3 mmol/L 和 0.42 mmol/L 时，NH_3^+-MCM-41 在 4h 的吸附量分别为 0.94，1.00 和 1.00 mmol/g，去除率分别为 44.8%，33.3%和 23.8%。这说明 NH_3^+-MCM-41 对 MO 的最大吸附量与初始浓度无关，相似的结果在 NH_3^+-MCM-41 吸附 OⅣ，AF 和 X-3B 时也被观测到。

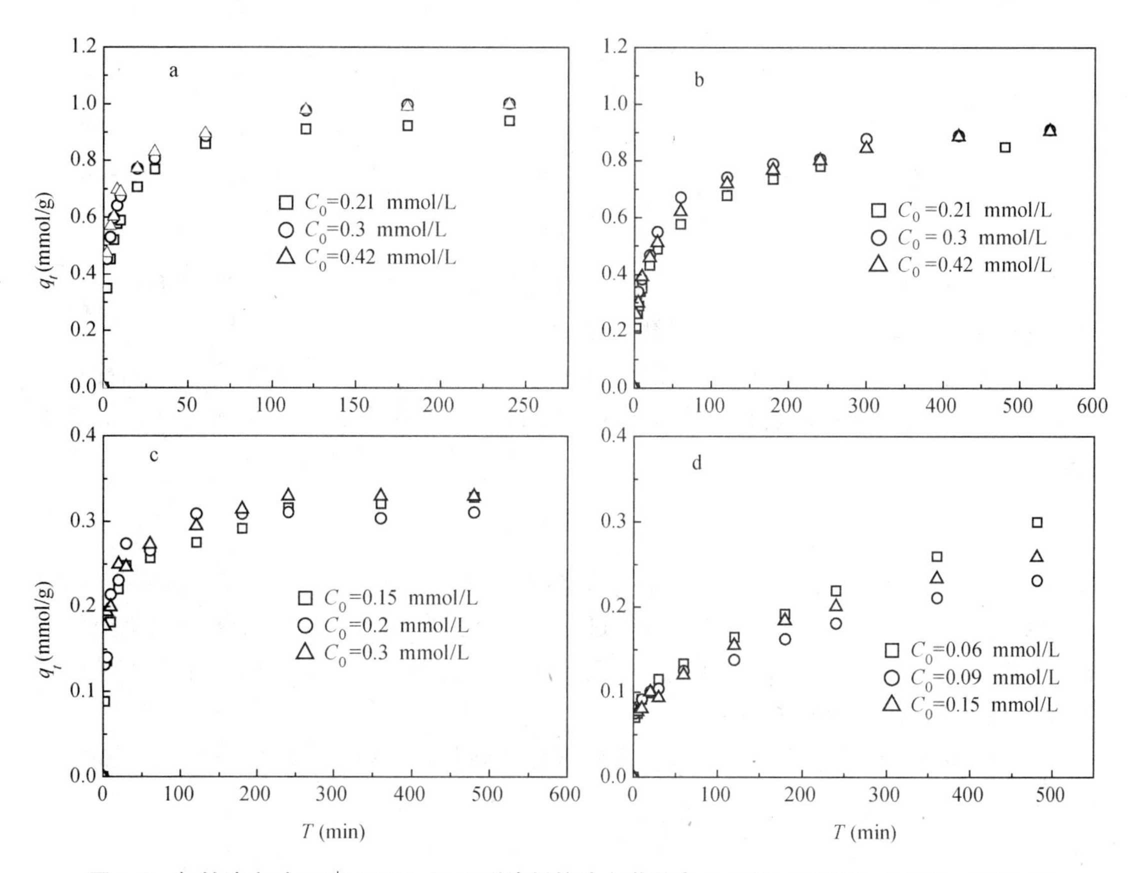

图 6.8　初始浓度对 NH_3^+-MCM-41 吸附染料的动力学影响：(a)MO，(b)OIV，(c)AF，(d)X-3B

NH_3^+-MCM-41 吸附染料的动力学可以用假一级动力学，假二级动力学和内扩散模型来描述[152,153]。假一级模型基于假定吸附受扩散步骤控制，吸附速率正比于平衡吸附量与 t 时刻吸附量的差值。假一级动力学模型可以用下式表示：

$$\frac{dq_t}{dt} = k_1(q_e - q_t) \tag{6.1}$$

式中：q_e 和 q_t 分别是平衡吸附量和时间 t 时的吸附量；k_1 是假一级吸附速率常数。由边界条件，$t=0$ 时 $q_t=0$，对式(6.1)进行积分，可得出如下式：

$$\log(q_e - q_t) = \log q_e - \frac{k_1}{2.303}t \tag{6.2}$$

假二级吸附动力学模型是基于假定吸附速率受化学吸附机理的控制，这种化学吸附涉及吸附剂与吸附质之间的电子共用或电子转移。假二级动力学表达式为：

$$\frac{dq_t}{dt} = k_2(q_e - q_t)^2 \tag{6.3}$$

式中：q_e和 q_t分别是平衡吸附量和时间 t 时的吸附量；k_2是假二级吸附速率常数。

由边界条件，$t=0$ 时 $q_t=0$，对式(6.3)积分可得：

$$\frac{1}{q_e}-\frac{1}{q_e-q_t}=k_2 t \tag{6.4}$$

对式(6.4)进行变换可得：

$$\frac{t}{q_t}=\frac{1}{k_2 q_e^2}+\frac{t}{q_e} \tag{6.5}$$

通过 t/q_t 对 t 作图可以得出 q_e 和 k_2，$\nu_0=k_2 q_e^2$ 为初始速率。这种模型不需要知道任何参数。该模型已经成功地应用于一些生物吸附过程中。

粒子扩散方程描述的是由多个扩散机制控制的过程，最适合描述物质在颗粒内部扩散过程的动力学，而对于颗粒表面、液体膜内扩散的过程往往不适合。粒子扩散方程可以简单地表示为：

$$q_t=k_{iP}t^{0.5} \tag{6.6}$$

式中：k_{iP}为颗粒内扩散速率常数。以 q_t对 $t^{0.5}$作图，可以得到分为三部分的一条曲线，曲线的两侧弯曲，中间为直线，分别代表了吸附过程的三个步骤，直线部分由于颗粒内扩散的影响而形成，直线不通过原点，说明颗粒内扩散不是控制吸附过程的唯一步骤。直线部分的斜率即为颗粒内扩散速率常数 k_{iP}。

为了定量比较各个动力学模型拟合实验数据的效果，定义归一化的标准方差(Δq)，方程式如下：

$$\Delta q(\%)=100\times\sqrt{\frac{\sum\left[(q_{t\exp}-q_{t\mathrm{cal}})/q_{t\exp}\right]^2}{n-1}} \tag{6.7}$$

式中：n 是实验数据数，$q_{t\exp}$是实验值，$q_{t\mathrm{cal}}$是模型计算值。

假一级动力学，假二级动力学和内扩散模型对实验数据的拟合结果如表 6.3 所示。

表 6.3　NH_3^+-MCM-41 吸附 MO，OⅣ，AF 和 X-3B 的动力学模型参数

C_0	染料	假一级模型			假二级模型			内扩散模型			
		k_1	q_e	Δq(%)	k_2	q_e	Δq(%)	k_{1P}	k_{2P}	k_{3P}	Δq(%)
0.21	MO	0.148	0.86	15.00	232	0.93	7.55	0.246	0.087 6	0.010 4	2.58
0.3	MO	0.188	0.90	15.41	293	0.97	8.69	0.319	0.077 1	0.014 9	2.86
0.42	MO	0.213	0.90	14.50	343	0.96	7.94	0.334	0.072 0	0.013 1	3.00
0.21	OⅣ	0.063	0.71	26.14	107	0.78	18.17	0.148	0.065 1	0.018 8	3.18
0.3	OⅣ	0.047	0.80	28.30	83	0.85	20.63	0.182	0.056 2	0.015 7	3.11
0.42	OⅣ	0.052	0.81	28.23	96	0.86	21.18	0.223	0.062 2	0.014 1	1.92

(续表 6.3)

C_0	染料	假一级模型			假二级模型			内扩散模型			
		k_1	q_e	Δq (%)	k_2	q_e	Δq (%)	k_{1P}	k_{2P}	k_{3P}	Δq (%)
0.15	AF	0.096	0.29	16.92	452	0.31	8.69	0.062 2	0.033 7	0.005 3	2.73
0.2		0.138	0.29	16.76	710	0.31	11.10	0.093 3	0.037 1	0.002 2	6.10
0.3		0.240	0.29	18.87	1126	0.31	13.07	0.125	0.019 3	0.007 3	2.96
0.06	X-3B	0.018	0.24	44.04	94	0.27	36.72	0.049 1	0.011	—	3.16
0.09		0.048	0.18	36.60	374	0.19	29.69	0.052 7	0.007 5	—	2.67
0.15		0.020	0.21	43.31	126	0.24	36.72	0.055 4	0.009 6	—	4.74

注：C_0 的单位 mmol/L，q_e 的单位 mmol/g，k_1 的单位 min^{-1}，k_2 的单位 g/(mmol·min)，k_{1P}，k_{2P} 和 k_{3P} 的单位 mmol/(g·$min^{0.5}$)

从表中可以看出，Δq 的大小顺序依次为：假一级动力学＞假二级动力学＞内扩散模型，说明内扩散模型可以很好地拟合实验数据。从表 6.3 还可以看出，四种阴离子染料的 k_{1P} 随着初始浓度增加而增加。一般来说，吸附动力随着初始浓度的变化而变化，当溶液中染料初始浓度升高时，吸附驱动力也随之升高，从而增加了染料从溶液中向吸附剂外表面的扩散速率。然而，从表中可以看出 k_{2P} 和 k_{3P} 与初始浓度的关系不大。这可能是由染料分子和吸附剂孔径分布所产生的扩散阻力比由浓度增加的扩散动力大的原因。因此，当染料扩散进颗粒孔道后，由浓度增加的扩散动力可以忽略不计。

当吸附质从溶液中被吸附到吸附剂上，常常伴随着连续三步的质量传递过程，其中任何一步的传递过程都有可能是吸附速率的控制步骤。首先，吸附质从溶液中迁移到颗粒的外表面水层，其次吸附质从颗粒的外表面扩散进入颗粒的孔道内，最后吸附质在吸附剂内表面的吸附点位发生吸附[10]。最后一步的吸附过程与前两步相比较，发生得较快，因此在动力学分析中常常忽略不计。

四种染料的 q_t 与 $t^{0.5}$ 关系如图 6.9 所示。

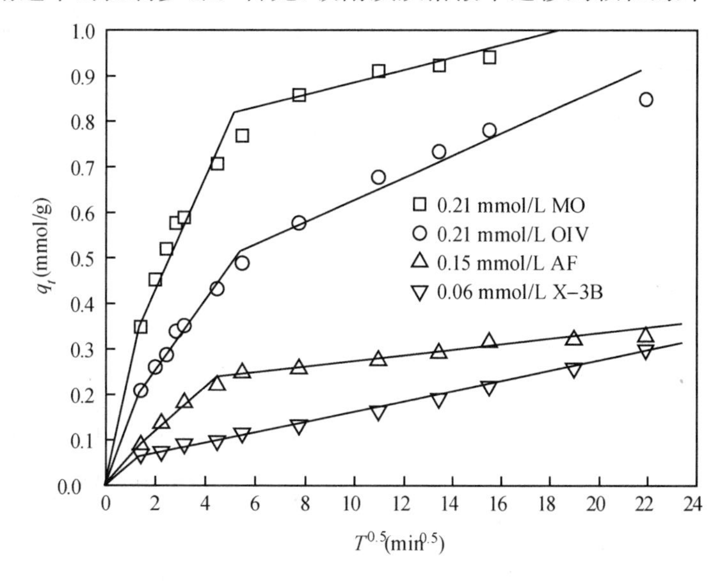

图 6.9　不同染料的 q_t 与 $t^{0.5}$ 关系

从图中可以看出，q_t 与 $t^{0.5}$ 成分段线性关系，表明多个吸附过程影响吸附速率。第一段是溶液中的染料向吸附质外表面扩散的过程，该过程较快。

当外表面达到吸附饱和时，染料分子扩散进入颗粒的孔道内，在孔道内表面发生吸附。第二段是染料分子扩散进入较大的孔道。第三段是染料分子扩散进入较窄的孔道，该段的斜率最低。相似的动力学结果在其他研究中也被发现[154, 155]。如果内扩散仅仅是吸附过程的控制步骤，图 6.9 的直线应该经过原点。如果外扩散在一定程度上也控制吸附过程，则图 6.9 的直线不经过原点。从图 6.9 可以看出，染料在吸附的过程中，有三个过程控制吸附速率，在每个直线段中，只有一个过程是吸附速率限制步骤。另外，直线斜率越低说明吸附速率越慢。从图中可以看出，染料在扩散进入较小的孔径内是吸附的控制步骤。四种染料的第二段直线斜率的关系依次为：MO＞OIV＞AF＞X-3B，这可能是不同染料具有不同的尺寸大小造成的，尺寸越大的染料在孔道内受到的空间位阻越大，吸附速率就越小。

6.3.2 吸附等温线

NH_3^+-MCM-41 吸附染料的等温线如图 6.10 所示。从图中可以看出，等温线的形状似矩形，在低平衡浓度 C_e 的最大吸附量 q_e 与高平衡浓度 C_e 的最大吸附量 q_e 相等，说明吸附过程与染料的初始浓度没有关系并且 NH_3^+-MCM-41 的表面与染料分子间存在较强的作用力。矩形的吸附等温线同样在其他研究中被发现[156, 157]。NH_3^+-MCM-41 对 MO，OIV，AF 和 X-3B 的最大吸附量分别约为 1.1 mmol/g，1.1 mmol/g，0.43 mmol/g 和 0.34 mmol/g。

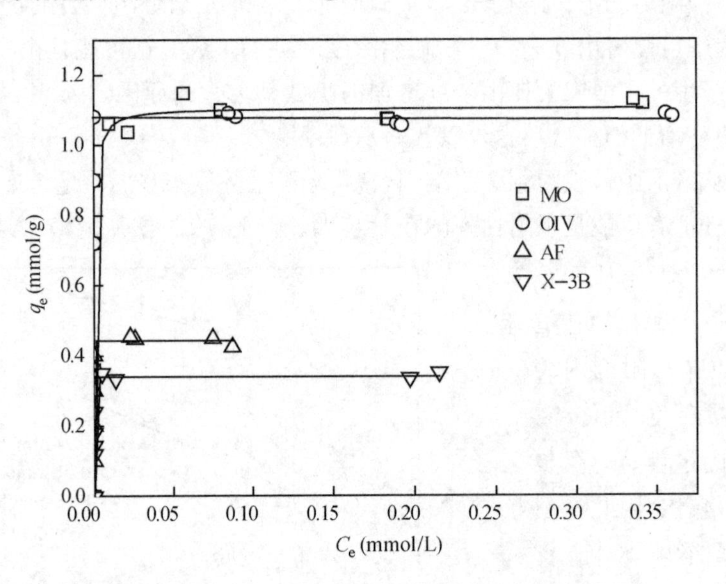

图 6.10 NH_3^+-MCM-41 吸附染料的等温线

从图 6.10 可以看出，NH_3^+-MCM-41 吸附染料的等温线符合典型的 Langmuir 吸附模型，因此可以用 Langmuir 模型来描述吸附过程，模型参数如表 6.4 所示。从表中可以看出，在实验的浓度范围内，Langmuir 等温线能很好地拟合实验数据(R^2＞0.997)。较高的拟合系数也说明 NH_3^+-MCM-41 吸附染料是单层吸附并且 NH_3^+-0MCM-41 表面是均匀的。另外，最大单层吸附量的顺序为 MO＞OIV＞AF＞X-3B。NH_3^+-MCM-41 对 MO 的最大单层吸附量是 X-3B 的 3.3 倍。这是染料的分子尺寸和分子结构不同造成的。染料分子尺寸越大，扩散进入吸附剂孔道内的阻力越大，对孔道的阻塞也就越大[149]。由于NH_3^+-MCM-41 的表面带正电，静电作用将吸附带负电的染料，因此，带负电官能团越多的染料被吸附到NH_3^+-MCM-41 表面上时会降低表面的静电场，从而导致吸附量降低。从表 6.4 还可以看出，吸附剂中每摩尔 N 吸附的 MO 量小于 1，说明NH_3^+-MCM-41 上的NH_3^+官能团没有完全被利用，这可能是NH_2没有完全转换成NH_3^+或者 MO 被吸附到NH_3^+-MCM-41 引起了空间位阻作用。当NH_3^+-MCM-41 的孔径小于 MO 时，同样也不能吸附 MO。表 6.5 列出了其他吸附剂吸附染料时的 Langmuir 最大单层吸附量。通过与NH_3^+-MCM-41 吸附染料的比较，发现NH_3^+-MCM-41 相比较其他吸附剂能较好地去除水中的染料。

表 6.4　NH_3^+-MCM-41 吸附染料的 Langmuir 等温线参数染料

染料	Langmuir 模型		
	Q_0(mmol/g)	R^2	N_s
MO	1.12	0.999	0.87
OIV	1.09	1.000	0.85
AF	0.43	0.997	0.33
X-3B	0.34	0.999	0.26

注：N_s为吸附剂中每摩尔 N 吸附的染料量(mol/mol)

表 6.5　NH_3^+-MCM-41 与其他吸附剂对四种染料的吸附比较

染料	吸附剂	Q_0(mmol/g)	参考文献
MO	NH_3^+-MCM-41	1.12	本文
	香蕉皮	0.064	[158]
	橘皮	0.063	[158]
	活性炭	0.029	[159]
	改性孢粉素	0.016	[160]
OIV	NH_3^+-MCM-41	1.09	本书
AF	NH_3^+-MCM-41	0.43	本书
X-3B	NH_3^+-MCM-41	0.34	本书
	有机气凝胶	0.14	[161]
	碳气凝胶	0.92	[161]

6.3.3　温度对NH_3^+-MCM-41 吸附 MO 的影响

温度对NH_3^+-MCM-41 吸附 MO 的影响如图 6.11 所示，从图中可以看出，随着温度的升高，NH_3^+-MCM-41 对 MO 的吸附量增加，说明吸附过程是吸热过程。用 Langmuir 模型描述吸附过程所得的模型参数如表 6.6 所示，从表中可以看出，当温度从 288K 增加到 308K 时，NH_3^+-MCM-41 对 MO 的最大单层吸附量从 1.00 mmol/g 增加到 1.27 mmol/g。

表 6.6 NH_3^+-MCM-41 吸附染料的 Langmuir 等温线参数

温度 (K)	Langmuir 模型		
	Q_0(mmol/g)	K_L(L/mol)	R^2
288	1.00	1.79×10^5	0.998
298	1.12	4.70×10^5	0.999
308	1.27	2.72×10^5	0.998

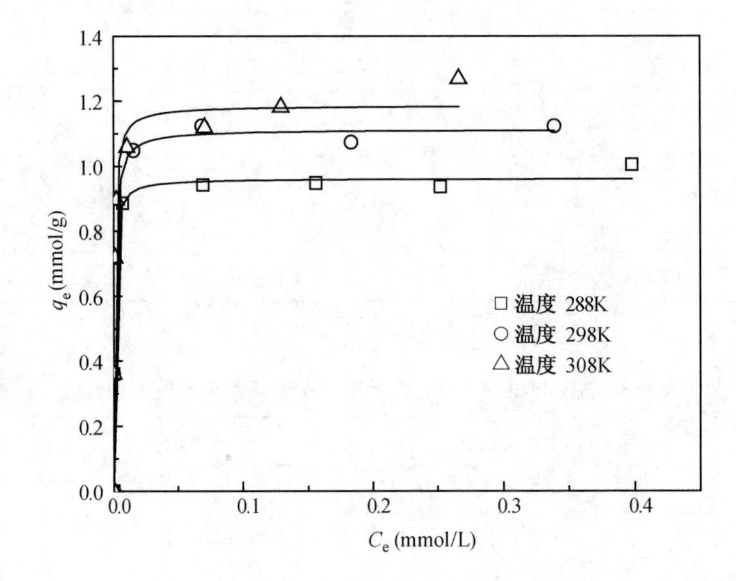

图 6.11 温度对 NH_3^+-MCM-41 吸附 MO 的影响

NH_3^+-MCM-41 吸附 MO 的动力学参数如吸附自由能 ΔG^0，焓变 ΔH^0 和熵 ΔS^0 可以用下式计算：

$$\Delta G^0 = -RT_1 \ln K_1 \tag{6.8}$$

$$\Delta H^0 = R\left(\frac{T_2 T_1}{T_2 - T_1}\right)\ln\frac{K_2}{K_1} \tag{6.9}$$

$$\Delta S^0 = \frac{\Delta H^0 - \Delta G^0}{T} \tag{6.10}$$

式中：K_1 和 K_2 分别是温度在 T_1=288 K 和 T_2=298 K 时的 Langmuir 常数。根据式(6.8)、(6.9)和(6.10)可计算在温度 288 K 和 298 K 时的 ΔG^0 分别为 −28.9 kJ/mol 和 −32.3 kJ/mol，ΔH^0 为 68.8 kJ/mol，ΔS^0 为 339 J/(mol K)。ΔG^0 为负值说明 MO 在 NH_3^+-MCM-41 上的吸附是可行的并且是自发进行的，ΔH^0 为正值说明吸附是吸热过程，ΔS^0 为正

值说明吸附质和吸附剂在固液界面间的混乱程度增加。Singh 等人[159]研究了 MO 在活性炭上的吸附热力学参数，在 pH 4.0 时，温度为 283 K 和 298 K 的 ΔG^0 分别为－30.95 kJ/mol 和－34.24 kJ/mol，ΔH^0 为 82.15 kJ/mol，ΔS^0 为 168.9 J/(mol K)。ΔH^0 值比一般的物理吸附热大，说明 MO 与 NH_3^+-MCM-41 间的结合能力较强。另外，实验中也考察了温度对 NH_3^+-MCM-41 吸附 OIV 的影响，发现 NH_3^+-MCM-41 对 OIV 的吸附也随着温度的升高而升高。

6.3.4 pH 对 NH_3^+-MCM-41 的吸附影响

溶液 pH 是影响吸附过程的重要参数之一，pH 不仅影响吸附剂表面性质，而且还影响可电离物质的存在状态。实验中考察了 pH 从 4.0 到 11.0 对 NH_3^+-MCM-41 吸附染料的影响，结果如图 6.12 所示。

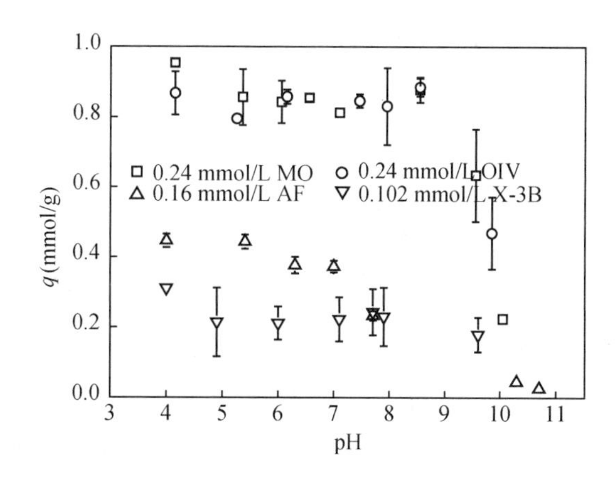

图 6.12　pH 对 NH_3^+-MCM-41 吸附染料的影响

从图中可以看出，在 pH 从 4.0 到 10.0 时，所有染料的吸附趋势相同。对于 MO，OIV 和 X-3B 的吸附，当 pH 从 4.0 升高到 8.0 时，NH_3^+-MCM-41 对染料的吸附基本保持不变，平均吸附量分别为 0.87 mmol/g，0.85 mmol/g 和 0.24 mmol/g，去除率分别为 72.5%，70.8%和 47.1%。对于 AF 的吸附，当 pH 从 4.0 升高到 7.0 时，NH_3^+-MCM-41 的吸附量保持不变，平均吸附量为 0.41 mmol/g，去除率为 51.3%。然而，在碱性条件下，所有染料的吸附量随着 pH 的升高而急剧下降。当 pH 从 8.0 升高到 10.0 时，NH_3^+-MCM-41 对 MO，OIV，X-3B 和 AF 的吸附量分别从 0.88 mmol/g，0.83 mmol/g，0.23 mmol/g 和 0.37 mmol/g 下降到 0.22 mmol/g，0.47 mmol/g，0.18 mmol/g 和 0.04 mmol/g，去除率分别从 73.3%，69.2%，45.1%和 46.3%下降到 18.3%，39.2%，35.3%和 0.05%。由于静电作用是染料吸附的主要作用，当溶液 pH 增加时，溶液中 OH^- 随之增加，其与 NH_3^+-MCM-41 的表面发生反应，从而降低 NH_3^+-MCM-41 的带电量并导致吸附量的下降。另外，在碱性条件下也可能降低了 NH_3^+-MCM-41 的结构稳定性(即 NH_3^+-MCM-41 在碱性溶液中发生水解)[150]。因此，NH_3^+-MCM-41 对染料的吸附在 pH 4.0～8.0 时可以得到强化。

Zeta 电位可以用来描述固液界面的表面电位情况。NH_3^+-MCM-41 在吸附染料平衡后的 Zeta 电位变化如图 6.13 所示。

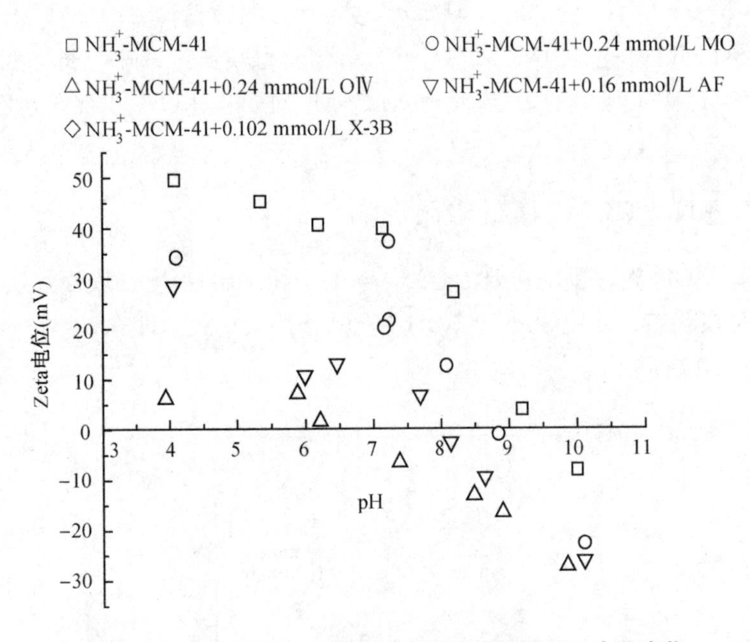

图 6.13　NH_3^+-MCM-41 吸附四种酸性染料的 Zeta 电位变化

从图 6.13 中可以看出，NH_3^+-MCM-41 的等电点（pH_{ZPC}）在 9.5。当 $pH<pH_{ZPC}$时，NH_3^+-MCM-41 表面带正电，当 $pH>pH_{ZPC}$时，NH_3^+-MCM-41 表面带负电。当 NH_3^+-MCM-41 吸附染料达到平衡后，NH_3^+-MCM-41 的等电点向更低的 pH 移动。不同的染料对 NH_3^+-MCM-41 的 Zeta 电位影响不同，这可能是由不同的染料具有不同的物理化学特性所引起的。在实验中，所有的染料带负电，因此，当 NH_3^+-MCM-41 吸附染料后，表面正电荷降低。另外，在 pH 4.0～8.0 时，NH_3^+-MCM-41 的 Zeta 电位发生了少许变化，因此，在 pH 4.0～8.0 时，NH_3^+-MCM-41 对染料的吸附量变化不大。从上述分析可以看出，静电作用是染料吸附的主要机理，吸附过程可以用下式表示：

$$—NH_3^+ + Dye^- \longrightarrow —NH_3^+ \cdots Dye^-$$

式中：$—NH_3^+$ 是带正电荷的点位，Dye^- 是染料离子。

6.3.5　阴离子对 NH_3^+-MCM-41 的吸附影响

水中的阴离子常存在于自然环境中，如磷酸根，硝酸根，硫酸根和碳酸根等。Yokoi 等人[66]用 Fe^{3+} 配位氨基改性的 MCM-41（Fe/NN-MCM-41）吸附去除水中有毒阴离子如砷酸根、铬酸根、硒酸根和钼酸根。当水中存在其他竞争阴离子如 NO_3^-，SO_4^{2-}，PO_4^{2-} 和 Cl^- 时，PO_4^{3-} 对有毒阴离子的吸附影响最大，而 NO_3^-、SO_4^{2-} 和 Cl^- 的影响较小，除了 SO_4^{2-} 对硒酸根的影响较大。作者认为 Fe/NN-MCM-41 对有毒阴离子的高效去除率和选择性是由于Fe^{3+}与阴离子的特殊作用。Saad等人[150]发现NH_3^+-MCM-48对水中的$H_2PO_4^-$和NO_3^-具有较高的吸附能力，即使$H_2PO_4^-$和NO_3^-的初始浓度达到700 mg/L，当水中存在Cl^-、SO_4^{2-}和HCO_3^-时，NH_3^+-MCM-48对NO_3^-的吸附去除受到抑制，而对$H_2PO_4^-$的吸附仅受SO_4^{2-}影响。因此，可以推断各种阴离子也能在NH_3^+-MCM-41上产生吸附，其对染料的吸附去除影响如图6.14所示。从图中可以看出在NO_3^-和Cl^-存在的条件下，NH_3^+-MCM-41对染料的最大吸附量下降不到15%。而在CO_3^{2-}和HPO_4^{2-}存在的条件下，NH_3^+-MCM-41对染料的吸附急剧下降。在SO_4^{2-}存在的条件下，NH_3^+-MCM-41对X-3B的吸附基本保持不变，对OⅣ的吸附量为0.38 mmol/g，下降49.5%，而对MO和AF的吸附则明显抑制。各种阴离子对NH_3^+-MCM-41吸附染料的抑制顺序为$CO_3^{2-} \approx HPO_4^{2-} > SO_4^{2-} > NO_3^- \approx Cl^-$。值得注意的是，弱酸根离子对$NH_3^+$-MCM-41吸附染料的抑制最强，这可能是$NH_3^+$-MCM-41表面的$NH_3^+$与阴离子之间存在特殊的作用，即$NH_3^+$-MCM-41上的$H^+$易于与弱酸根络合生成弱酸。因此，在实际的应用中，应考虑染料废水的水质情况，当废水中含有弱酸根时应提前去除。

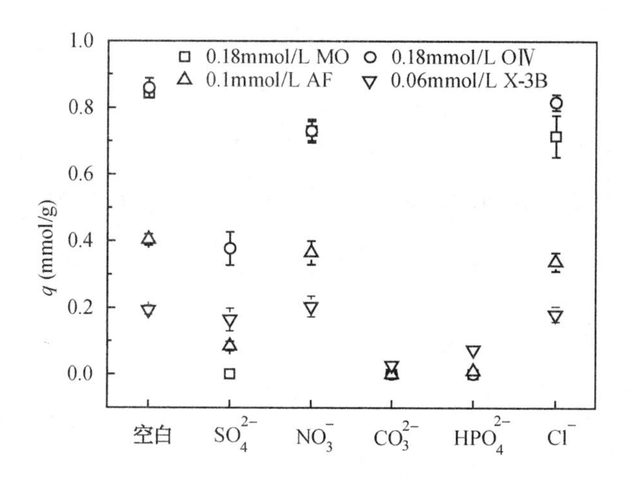

图6.14 阴离子对NH_3^+-MCM-41吸附染料的影响

6.3.6 离子强度对NH_3^+-MCM-41吸附MO的影响

离子强度对NH_3^+-MCM-41吸附MO的影响如图6.15所示，其中离子强度用NaCl调节。从图6.15中可以看出，当离子强度从0增加到0.1mol/L时，NH_3^+-MCM-41对MO的吸附逐渐下降，饱和吸附量从1.00 mmol/g下降到0.93 mmol/g，去除率从79.3%下降到73.9%。通常，离子强度对水体中吸附剂和染料分子的影响如下[162−165]：(1)当固液接触时，由于静电作用，在表面形成双电层结构，随着离子强度的增加，双电层的厚度被压缩，这就使得染料分子更加接近于吸附剂表面，相互吸引作用更加明显。(2)当离子强度增加，染料分子产生二聚作用，有利于染料分子的吸附。(3)溶液中的盐能屏蔽吸附剂与染料之间的静电作用。因此，当离子强度增加时，吸附剂对染料的吸附将降低。本实验中，当离子强度增加时，NH_3^+-MCM-41对MO的吸附逐渐减小，说明上述第三种作用起主导作用，这与前面推论得出的静电作用是染料在 NH_3^+-MCM-41 上的吸附机理相符合。Chiou 和 Li[163] 发现离子强度的增加导致化学改性壳聚糖对活性红 189 吸附的降低，这是由于离子强度的增加降低了壳聚糖与染料分子间的静电作用力。Lorenc-Grabowska 和 Gryglewicz[164] 也发现了离子强度的增加导致刚果红在活性炭上吸附量的下降，由于离子的屏蔽效应降低了吸附剂与染料之间的静电吸引作用。

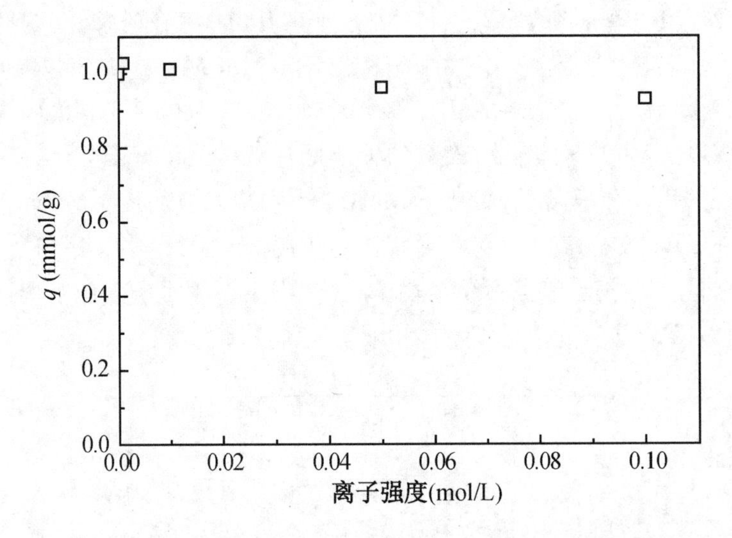

图 6.15　离子强度对 NH_3^+-MCM-41 吸附 MO 的影响

6.4　本章小结

在碱性条件下制备了 MCM-41，并在其表面成功嫁接了氨基官能团用来吸附水中的四种酸性染料(MO，OⅣ，X-3B 和 AF)，得出如下结论：

(1) 改性后的 MCM-41 结构基本保持不变，比表面积和孔径均减小，NH_3^+-MCM-41 的氮含量为 1.80%。

(2) NH_2-MCM-41 基本不吸附 MO，Fe^{2+}-NH_2-MCM-41 对 MO 的吸附量随着 Fe^{2+} 浓度的增加而增加直至达到定值，NH_3^+-MCM-41 对 MO 的饱和吸附量是 Fe^{2+}-NH_2-MCM-41 的 2～3 倍。NH_3^+-MCM-41 吸附 MO 的初始速率是 Fe^{2+}-NH_2-MCM-41 的 2 倍左右。

(3) NH_3^+-MCM-41 与 MO，OⅣ，X-3B 和 AF 之间的作用力很强，最大吸附量与染料的初始浓度无关，吸附量的顺序依次为 MO＞OⅣ＞AF＞X-3B，动力学分析认为，外扩散和内扩散均在一定程度上控制染料的吸附速率，其中，内扩散是主要控制步骤。

(4) 随着温度的增加，NH_3^+-MCM-41 对 MO 的吸附量增加，吸附是吸热过程，并且熵是增加的。

（5）pH 主要影响 NH_3^+-MCM-41 的表面带电情况，在 pH 4.0～8.0 时，NH_3^+-MCM-41 对染料的吸附量基本不变，而在 pH＞8.0 时，NH_3^+-MCM-41 对染料的吸附量急剧下降，通过 Zeta 电位分析认为，静电作用是染料吸附的主要作用机理。

（6）阴离子的存在在一定程度上抑制了 NH_3^+-MCM-41 对染料的吸附，其中弱酸根离子对染料的吸附抑制最大，如 CO_3^{2-} 和 HPO_4^{2-}。

（7）当离子强度增加时，由于盐的屏蔽效应，降低了 MO 与 NH_3^+-MCM-41 之间的静电吸引作用，从而导致 NH_3^+-MCM-41 对 MO 的吸附降低。

第 7 章　巯基化 MCM-41 对水中 Hg(Ⅱ)的吸附

汞被广泛应用于氯碱工业、制浆造纸、炸药、农药、电器、电子、仪表、制药、有机合成、油漆、毛皮加工等工业中。这些工业所产生的废水中含有大量的 Hg(Ⅱ),对环境生物和人类健康具有很大的毒性[166]。美国等发达国家已把汞列为饮用水中优先去除的污染物之一。常用的 Hg(Ⅱ) 处理技术有硫化物沉淀法、离子交换法、混凝法、反渗透法、活性炭吸附法、微生物浓集法等。吸附法由于操作简单是研究和应用最广泛的方法。吸附剂包括树脂、黏土、活性炭等[167-171]。为了选择性吸附 Hg(Ⅱ),在吸附剂表面上嫁接化学官能团,能明显提高吸附的效果[172-174]。然而,有些吸附剂由于具有较小的孔径和不规则的孔径分布使得化学官能团不能完全嫁接在表面上。

近年来,在介孔材料上(MCM-41、HMS 和 SBA-15)嫁接巯基官能团去除水中的重金属已得到研究[55, 75, 76, 175]。这些改性后的吸附剂对水中 Hg(Ⅱ)具有很高的吸附容量(1.5～2.5 mmol/g)。MCM-41 介孔分子筛作为 M41S 的一种,具有高的比表面积和有序的六角圆柱孔径已被广泛地应用于择形催化,选择性吸附分离,化学传感器和纳米技术等[12]。巯丙基已经成功地嫁接在 MCM-41 上并用来选择性去除水中 Hg(Ⅱ),并且被认为是修复汞污染的最有前途技术之一。

然而,各种宏观因素(如时间,pH,离子强度等)对巯基化介孔材料吸附 Hg(Ⅱ)的影响研究较少[78, 173, 76, 177]。Walcarius 和 Delacôte 发现巯基化介孔材料对 Hg(Ⅱ)的吸附随着 pH(pH 1～4)的升高而升高,在低 pH 时,由于巯基化介孔材料吸附 Hg(Ⅱ)后表面带正电,其与 NO_3^- 配位后,阻碍了巯基化介孔材料的进一步吸附。Merrifield 等人用巯基化壳聚糖吸附 Hg(Ⅱ)时发现,在 pH<7 时,巯基化壳聚糖对 Hg(Ⅱ)的吸附随着 pH 的降低而降低,与离子强度(<0.1 mol/L)无关。Nam 等人发现在 pH 3～5 时,巯基化有机陶瓷材料对 Hg(Ⅱ)的吸附与 pH 无关。Aguado 等人在 pH 0.75～4.5 用巯基化 SBA-15 吸附水中的 Hg(Ⅱ)时,发现巯基化 SBA-15 对 Hg(Ⅱ)的吸附与 pH 无关。

本章中,用 3-巯丙基三甲氧基硅烷(3-mercaptopropyltrimethoxysilane, MPTS)改性 MCM-41 (SH-MCM-41)来吸附水中的 Hg(Ⅱ),并考察时间、初始浓度、pH 和离子强度等影响因素对 SH-MCM-41 吸附 Hg(Ⅱ)的影响,探讨 SH-MCM-41 吸附 Hg(Ⅱ)的机理,同时对比考察 SH-MCM-41 对水中的 Pb^{2+} 和 Cd^{2+} 的吸附情况。最后通过脱附实验确定 SH-MCM-41 的吸附再生情况。

7.1　巯基化 MCM-41 的表征

图 7.1 是 MCM-41 和 SH-MCM-41 的 XRD 图谱，从图中可以看出，MCM-41 在 2θ 为 1.80°有较强的衍射峰，并且在 3.38°和 3.96°也有较强的衍射峰，分别对应于(100)，(110)和(200)晶面，这与文献报道的具有六方对称特征的典型介孔材料 MCM-41 的特征衍射峰相符合[14]，表明所合成的 MCM-41 具有长程有序的六方形介孔结构并且结晶度好。计算得出的面间距 d_{100} 为 4.92 nm，晶胞参数 a_0($a_0=2d_{100}/\sqrt{3}$)为 5.68 nm。SH-MCM-41 在 2θ 为 1.84°也有较强的衍射峰，并且在 3.44°和 3.99°有较弱的衍射峰，说明巯基化后的 MCM-41 保持原有的结构特征，计算得出的面间距 d_{100} 为 4.81 nm，晶胞参数 a_0 为 5.55 nm。与 MCM-41 的 XRD 图相比，(100)晶面的特征吸收峰强度有所下降，(110)、(200)晶面的衍射峰大大减弱，这说明嫁接巯基后 MCM-41 的有序度有所下降。这可能是介孔材料 MCM-41 在引入巯基时，巯基的引入对孔结构产生一定影响所致。即孔道内由于嫁接有机物后，孔道尺寸减小，晶格缺陷增多，最终使衍射峰强度降低。图 7.2 是 SH-MCM-41 的 SEM 和 TEM 图，从 SEM 图中可以看出，SH-MCM-41 表面较粗糙，颗粒形貌不规则，颗粒大小分布不均匀，最大颗粒直径可达 5 μm。从 TEM 图中可以看出，SH-MCM-41 具有良好的六方形介孔结构，孔径分布均匀，孔径大小在 2.5～3.5 nm 之间，这与从 XRD 图中计算的结果一致。

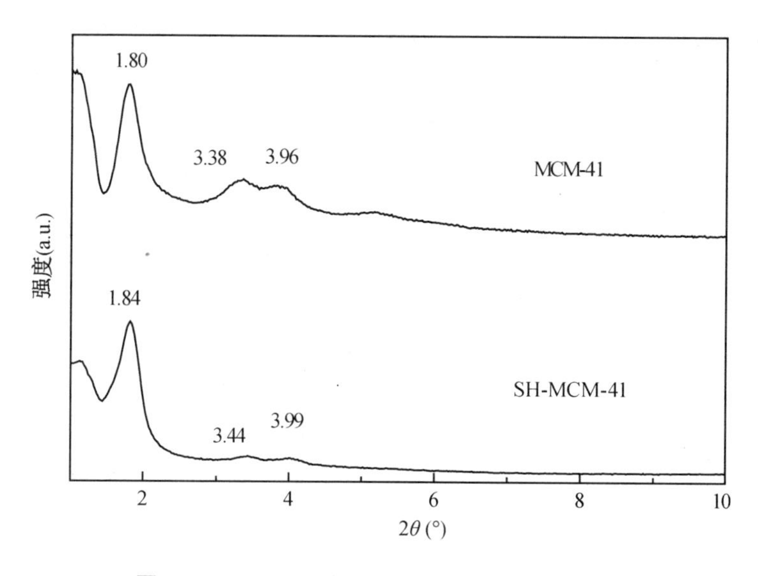

图 7.1　MCM-41 和 SH-MCM-41 的 XRD 图谱

图 7.3 表示 MCM-41 和巯基化 MCM-41 的 N_2 吸附-脱附等温线。图 7.4 为由 N_2 吸附-脱附等温线经 BJH 计算方法得到 MCM-41 和改性后 MCM-41 的孔径分布曲线。从图 7.3 可以看出，MCM-41 和改性后 MCM-41 呈现标准的 Langmuir Ⅳ型等温线，是典型的介孔

图 7.2　SH-MCM-41 的 SEM(a)和 TEM(b)

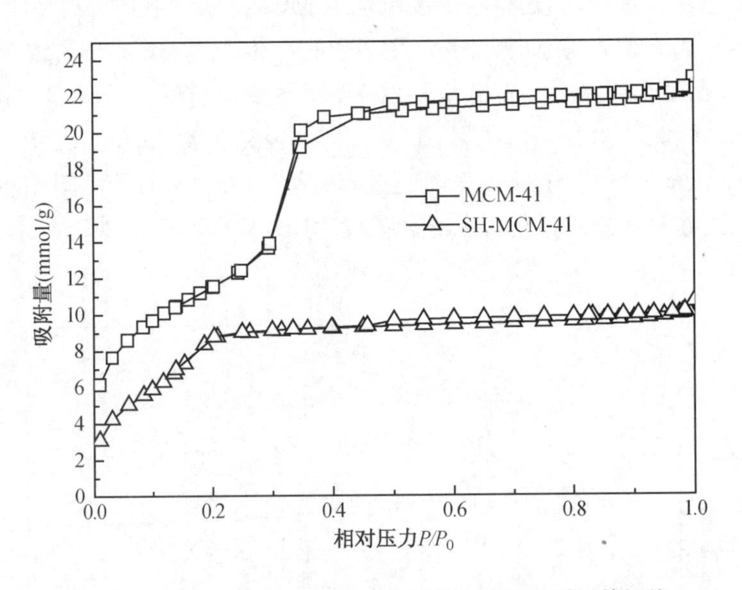

图 7.3　MCM-41 和 SH-MCM-41 的 N_2 吸附-脱附等温线

结构特征，并且 N_2 吸附-脱附等温线没有明显的滞后环，表明样品孔道结构高度均匀有序。对于 MCM-41，在 P/P_0 为 0.3～0.4 时，由于 N_2 的毛细管凝聚作用，N_2 的吸附量急剧增加。在 $P/P_0>0.4$ 时，N_2 吸附等温线出现一个相当宽的平台，说明外部的比表面积较低并且介孔率可以忽略不计。SH-MCM-41 的 N_2 吸附-脱附等温线与 MCM-41 的相似，说明改性后 MCM-41 的有序介孔结构特性没有改变。而 N_2 的毛细管凝聚作用发生在 P/P_0 为 0.18 时，这一变化可以归属于改性剂嫁接在 MCM-41 孔道内使得 MCM-41 的孔径和孔容降低，从而导致了毛细管凝聚现象在相对较低的压力时发生。由 N_2 吸附等温线计算可得到 MCM-41 和 SH-MCM-41 的 BET 比表面积分别为 942 m^2/g 和 815 m^2/g，孔容分别为 0.88 cm^3/g 和 0.34 cm^3/g，BJH 平均孔径分别为 2.91 nm 和 2.48 nm。说明改性后 MCM-41 的比表面积、孔容和孔径减小。由图 7.4 可以看出,改性后 MCM-41 的孔径分布范围降低,说明改性官能团已经嫁接在孔道内。MCM-41 的孔径分布较窄,分布范围为 1.9～4.4 nm,其最可几孔径为 2.74 nm，SH-MCM-41 的孔径分布范围为 1.9～3.5 nm,其最可几孔径大约为2.07 nm ，说明巯基化后 MCM-41 的孔径变小。

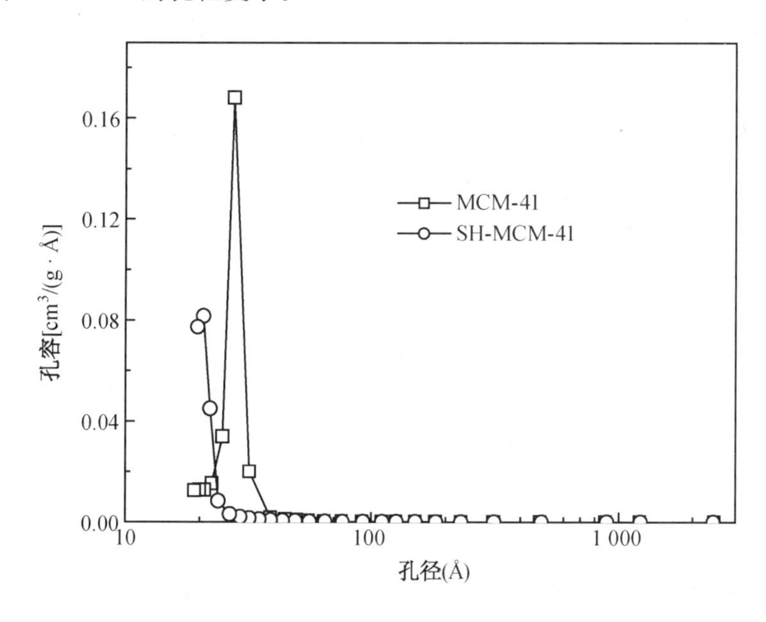

图 7.4　MCM-41 和 SH-MCM-41 的 BJH 孔径分布图

图 7.5 显示了 MCM-41 巯基化前后的红外光谱图。在 MCM-41 的红外振动光谱中，3 470 cm^{-1} 附近的强峰属于吸附水分子和表面羟基(—OH)的不对称伸缩振动吸收，960 cm^{-1} 为表面羟基的面外弯曲振动。1 090 cm^{-1}附近的吸收峰对应 MCM-41 骨架中 Si—O—Si 键的对称伸缩振动峰。1 630 cm^{-1}附近的吸收峰对应吸附水分子的弯曲振动。480 cm^{-1}和 800 cm^{-1}附近的吸收峰归属于 Si—O 伸缩振动和 Si—O 四面体弯曲振动。由于 MPTS 与 MCM-41 中的—Si—OH 反应,在 2 940 cm^{-1}附近的吸收峰对应 C—H 键的伸缩振动峰,而在 3 470 cm^{-1}，1 630 cm^{-1}和 960 cm^{-1}附近的吸收峰的强度消失了,说明硅烷化后大部分羟基被巯基取代。在 2 500 cm^{-1}附近并没有出现 S—H 伸缩振动峰,这可能是由于大部分—SH 嫁接在 MCM-41 孔道内导致 IR 光谱的灵敏度降低。

巯基化后 MCM-41 的热稳定性采用热重分析,结果如图 7.6 所示,从图中可以看出,MCM-41 在温度从 30℃升高到 1 000℃内,重量损失 2.6%。在 30～120℃的重量损失为 0.2%,属于 MCM-41 外表面物理吸附水和孔道内表面物理吸附的水,在 120～1 000℃的重量损失为 2.4%,属于表面的结晶水、MCM-41 中残存的表面活性剂分解燃烧和表面硅羟基缩聚形成硅氧键(Si—O—Si)。在图 7.6 中,SH-MCM-41 在温度从 30℃升高到 1 000℃内,重量损失 13.2%,在室温升到 120℃时的重量损失为 0.3%。在温度 345℃左右,SH-MCM-41 的损失量突然增加,说明在此温度时,巯基已经开始大量被高温分解。在 275～750℃的重量损失为 10.8%,属于 MCM-41 上巯丙基的分解。

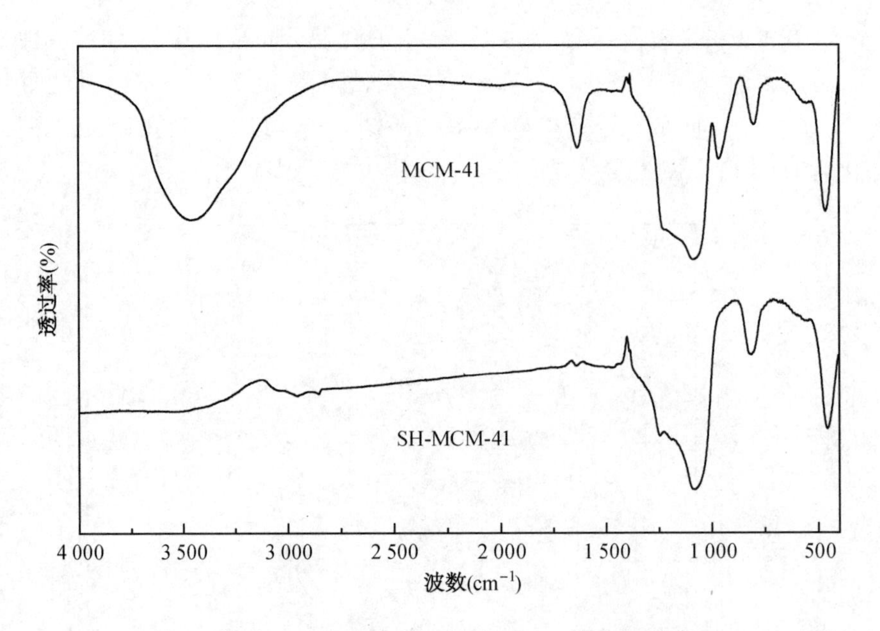

图 7.5　MCM-41 和 SH-MCM-41 的 IR 图谱

根据元素分析可以得出 MCM-41 和 SH-MCM-41 中的碳含量分别为 0.08%和 6.69%；硫含量分别为 0 和 4.04%。说明巯基已经成功嫁接到 MCM-41 表面上。

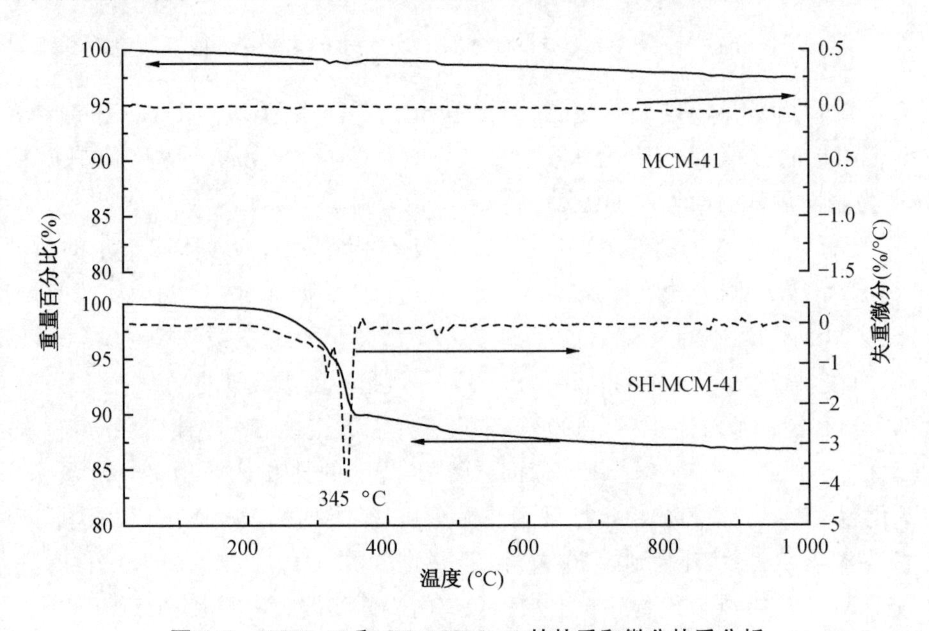

图 7.6　MCM-41 和 SH-MCM-41 的热重和微分热重分析

7.2　SH-MCM-41 吸附 Hg(Ⅱ)的效果

7.2.1　SH-MCM-41 吸附 Hg(Ⅱ)的动力学研究

在不同 Hg(Ⅱ)初始浓度下，SH-MCM-41 吸附 Hg(Ⅱ)的动力学如图 7.7 所示。从图中可以看出，在 60 min 内，SH-MCM-41 对 Hg(Ⅱ)的吸附量随着时间的增加而增加。在接触时间大于 60 min 后，吸附达到平衡，平衡时间与 Hg(Ⅱ)初始浓度无关，并且平衡吸附量随着初始浓度的增加而增加。当初始浓度分别为 70 mg/L 和 35 mg/L 时，SH-MCM-41 对 Hg(Ⅱ)的最大平衡吸附量分别为 217 mg/g 和 197 mg/g，去除率分别为 29.4% 和 53.5%。SH-MCM-41 对 Hg(Ⅱ)的去除率随着初始浓度的增加而下降是由于 SH-MCM-41 表面上只存在有限的吸附点位。另外，平滑和连续的动力学曲线表明 Hg(Ⅱ)在 SH-MCM-41 上形成单层吸附。

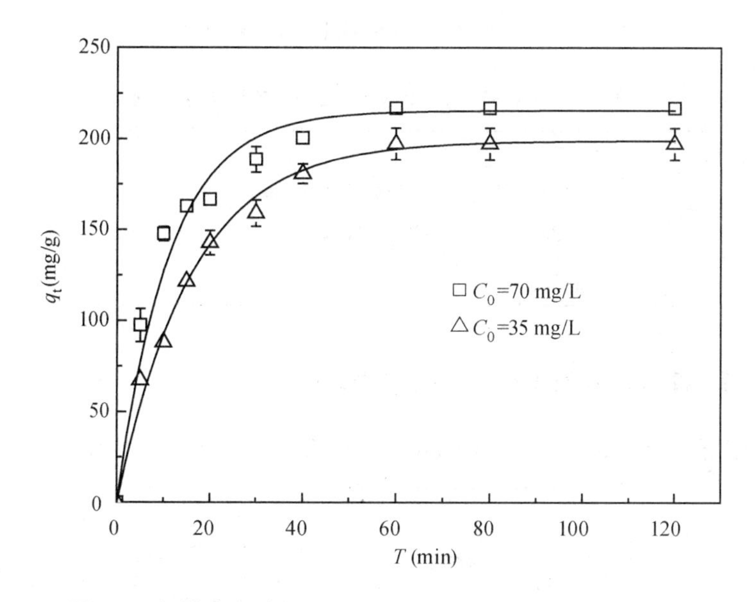

图 7.7　初始浓度对 SH-MCM-41 吸附 Hg(Ⅱ)的动力学影响

吸附动力学有很多种模型描述方法，包括假一级动力学、假二级动力学和扩散模型等。实验中，SH-MCM-41 对 Hg(Ⅱ)的吸附动力学可以用假二级动力学模型来描述，动力学参数通过 t/q_t 对 t 作图得出，如图 7.8 所示。从图中可以看出，t/q_t 与 t 呈明显的直线关系，计算得出的动力学参数如表 7.1 所示。从表中可以看出，假二级动力学模型可以较好地拟合 SH-MCM-41 对 Hg(Ⅱ)的吸附动力学($R^2>0.99$)。当 Hg(Ⅱ)的初始浓度从 35 mg/L 增加到 70 mg/L 时，k_2 从 3.26×10^{-4} g/(mg·min)增加到 6.16×10^{-4} g/(mg·min)，初始速率从17.49 mg/(g·min)增加到 34.08 mg/(g·min)。这是由于初始浓度的增加使Hg(Ⅱ)

向 SH-MCM-41 表面和内孔扩散动力的增加，从而导致 SH-MCM-41 吸附速率的增加。

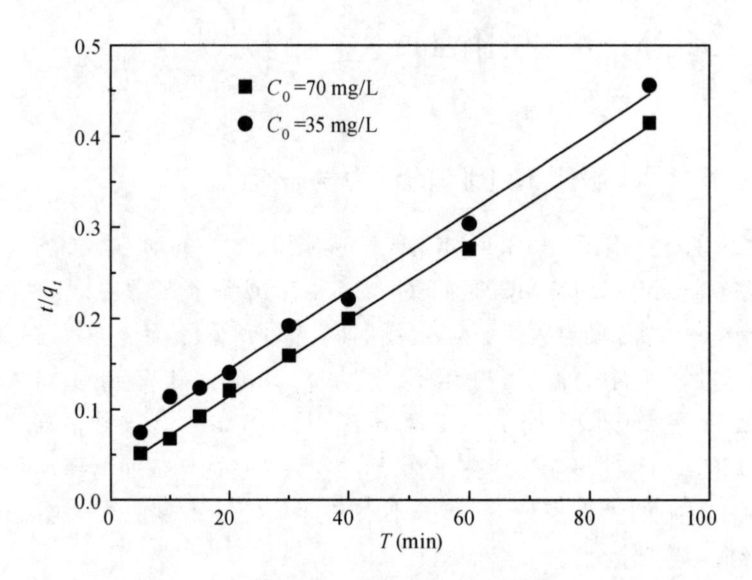

图 7.8　SH-MCM-41 吸附 Hg(Ⅱ)的假二级动力学

表 7.1　SH-MCM-41 吸附 Hg(Ⅱ)的动力学参数

初始浓度 (mg/L)	k_2 (×10^{-4} g/(mg·min))	v_0 (mg/(g·min))	q_e (mg/g)	R^2
35	3.26	17.49	231	0.995
70	6.16	34.08	235	0.999

7.2.2　SH-MCM-41 吸附 Hg(Ⅱ)的等温线

在不同温度下，SH-MCM-41 吸附 Hg(Ⅱ)的等温线如图 7.9 所示。

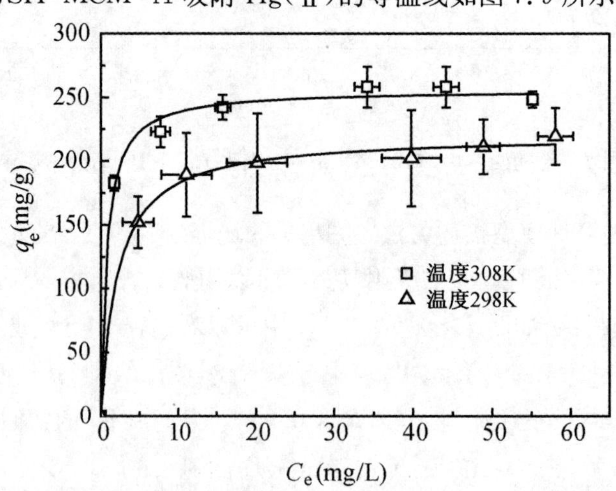

图 7.9　不同温度下 SH-MCM-41 吸附 Hg(Ⅱ)的等温线

从图 7.9 中可以看出，随着温度从 298 K 升高到 308 K，最大吸附量从 219 mg/g 升高到258 mg/g，说明吸附是吸热过程，温度升高有利于 Hg(Ⅱ)的吸附。另外，SH-MCM-41 吸附 Hg(Ⅱ)的等温线符合典型的 Langmuir 吸附模型，因此可以用 Langmuir 模型来描述吸附过程，模型参数如表 7.2 所示。从表 7.2 中可以看出，Langmuir 模型能较好地拟合吸附等温线(相关系数>0.99)，说明 Hg(Ⅱ)在 SH-MCM-41 形成了单层吸附，并且计算得到的最大吸附量与实验结果相差不大。在 308 K 时，吸附剂每摩尔 S 吸附的 Hg(Ⅱ)为 1.01 mol，表明 SH-MCM-41 上的 SH 官能团与 Hg(Ⅱ)发生等量的配位作用。表 7.3 列出了其他巯基改性介孔材料吸附 Hg(Ⅱ)时的 Langmuir 最大单层吸附量。从表中可以看出，实验中所制备的 SH-MCM-41 对 Hg(Ⅱ)具有良好的吸附能力。而未改性的吸附剂如硅镁石[168]、活性炭[170, 171]等对 Hg(Ⅱ)的最大吸附量为 41～174 mg/g，说明巯基化改性介孔材料能有效提高水中 Hg(Ⅱ)的去除能力。另外，影响巯基化改性介孔材料吸附 Hg(Ⅱ)的主要因素有—SH 的嫁接量和巯基改性剂的分子尺寸大小。—SH 的嫁接量越多，吸附量越大，而巯基改性剂的分子尺寸越大，吸附量越小。

表 7.2　SH-MCM-41 吸附 Hg(Ⅱ)的 Langmuir 等温线参数

温度(K)	Langmuir 模型			N_s
	Q_0(mg/g)	K_L(L/mg)	R^2	
298	220.7	0.476	0.997	0.87
308	256.2	1.341	0.995	1.01

N_s为吸附剂中每摩尔 S 吸附的 Hg(Ⅱ)(mol/mol)

Langmuir 方程可以利用无量纲常量，即分离因子 R_L 来预测吸附剂与吸附质之间的结合力。R_L 可以用下式表示：

$$R_L = \frac{1}{1+K_L C_0} \tag{7.1}$$

式中：K_L 是 Langmuir 常数，C_0 是 Hg(Ⅱ)的初始浓度。$R_L>1.0$，吸附是不利的；$R_L=1.0$，吸附是线性的；$0<R_L<1.0$，吸附是有利的；$R_L=0$，吸附是不可逆的。R_L 值如图 7.10 所示，从图中可以看出，$0<R_L<1.0$，说明吸附是有利的，随着温度的升高，R_L 越来越低，说明温度的升高越有利于 SH-MCM-41 对 Hg(Ⅱ)的吸附。

不同温度下的 K_L 值可以用 Van′t Hoff 公式表示：

$$\ln K_L = -\frac{\Delta H^0}{RT} + \frac{\Delta S^0}{R} \tag{7.2}$$

根据式(7.2)计算得到的 ΔH^0 和 ΔS^0 分别为 79 kJ/mol 和 360 J/(mol・K)。在 298 K 和 308 K 的 ΔG^0 分别为－28.4 kJ/mol 和－31.9 kJ/mol。ΔG^0 为负值说明吸附是可行的并且是自发进行的。ΔH^0 为正值说明吸附过程是吸热的，其吸附热值较大，说明 Hg(Ⅱ)与 SH-MCM-41 之间的结合力较强。ΔS^0 为正值说明吸附质和吸附剂在固液界面间的混乱程

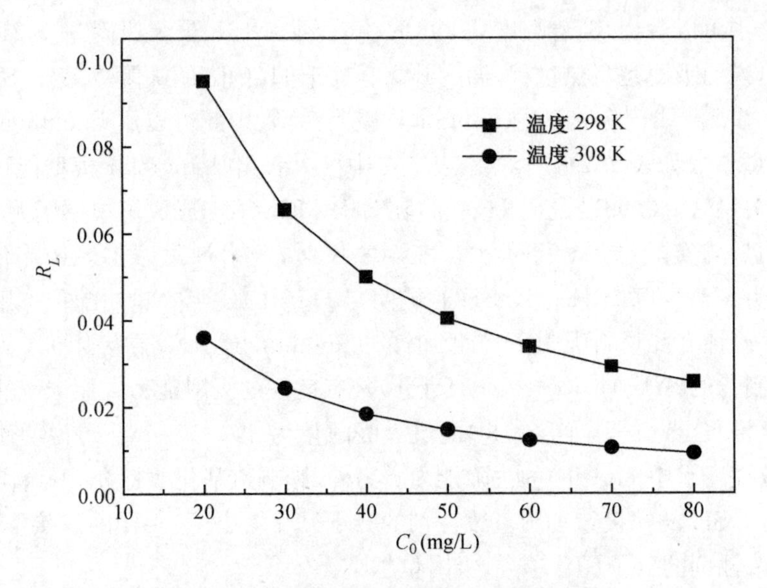

图 7.10　分离因子与初始浓度的关系曲线

度增加。一般来说,固液界面的吸附过程包括:(1)吸附剂上被吸附水分子的解析;(2)吸附质在吸附剂上的吸附。ΔH^0 为正值可解释为 Hg(Ⅱ)的吸附需要取代吸附剂上多个水分子[174]。另外,化学吸附是一个吸热过程,因为其过程中发生了化学反应,通常是通过吸收热量促使反应进行,故升高温度有利于化学吸附。因此,吸附是个吸热过程,属于化学吸附。Manohar 等人[174]用 2-巯基苯并咪唑改性黏土吸附去除水中的 Hg(Ⅱ),计算得出的 ΔH^0 和 ΔS^0 分别为 34.81 kJ/mol 和 189.82 J/(mol·K)。

表 7.3　SH-MCM-41 与其他吸附剂对 Hg(Ⅱ)的吸附比较

吸附剂	改性剂	Q_e(mg/g)	参考文献
MCM-41	3-巯丙基三甲氧基硅烷	118	[55]
SBA-15	2-巯基噻唑啉	221	[71]
MCM-41	2-巯基噻唑啉	140	[71]
介孔硅胶	2-巯基噻唑啉	469	[79]
黏土	2-巯基苯并咪唑	102	[174]
MCM-41	2-(3-(2-氨基乙巯基) 丙基硫代)乙胺	140	[175]
硅胶	2-(3-(2-氨基乙巯基) 丙基硫代)乙胺	158	[175]
MCM-41	3-巯丙基三甲氧基硅烷	221	本书

7.2.3　pH 对 SH-MCM-41 吸附 Hg(Ⅱ)的影响

溶液 pH 是影响金属离子吸附的重要因素,溶液的 pH 不仅影响溶质的存在状态(分子、离子或络合物),也影响吸附剂表面的电荷特性和化学特性,进而影响吸附效果。pH 对

SH-MCM-41 吸附 Hg(Ⅱ)的影响如图 7.11 所示，其中溶液 pH 用 HCl 调节。从图中可以看出，在 pH 2～7.6 范围内，SH-MCM-41 对 Hg(Ⅱ)的吸附基本保持不变，饱和吸附量在 190～240 mg/g 之间，平均去除率为 42.7%。在初始 pH 4～6.7 时，SH-MCM-41 吸附 Hg(Ⅱ)平衡后，溶液 pH 降低，降低量最大约为 1.4 个 pH 值，说明巯基上的 H 被置换下来。从吸附等温线可以看出，SH-MCM-41 上的质子氢与溶液中的汞应发生 1∶1 的交换。而在初始 pH 2～4 和 6.7～7.6 时，SH-MCM-41 吸附 Hg(Ⅱ)平衡后，溶液 pH 保持不变。

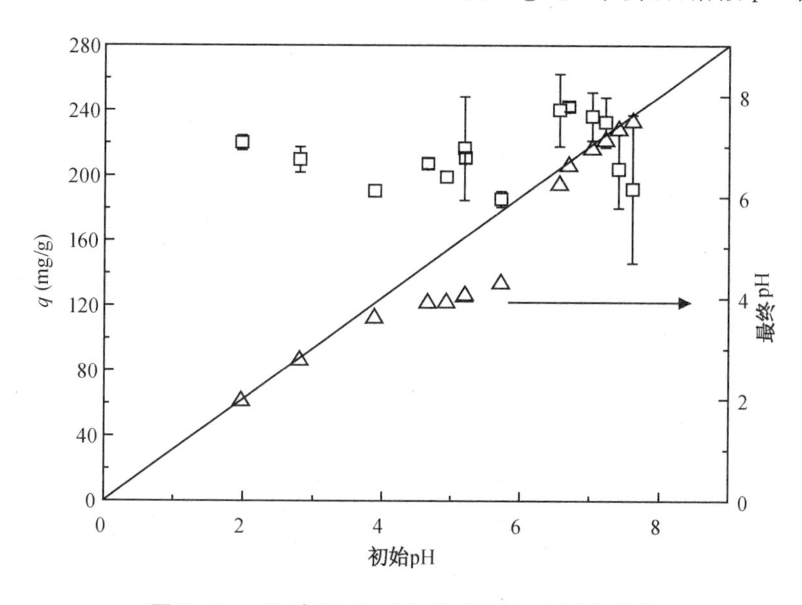

图 7.11　pH 对 SH-MCM-41 吸附 Hg(Ⅱ)的影响

溶液中 Hg(Ⅱ)能与很多阴离子络合(Cl^-、OH^-、NO_3^-等)，其络合状态与溶液的 pH、温度、阴离子浓度以及络合常数等有关。不同形态的 Hg(Ⅱ)络合物由于物理和化学性质的差别常常影响其在吸附剂上的吸附。Puanngam 和 Unob 用化学改性的 MCM-41 吸附水中的汞离子[175]，发现溶液中不同的阴离子对吸附剂吸附汞离子的影响不同，其中 Cl 的影响最大，NO_3^- 和 SO_4^{2-} 的影响较小。本实验中溶液存在的阴离子为 Cl^- 和 OH^-，其与 Hg(Ⅱ)的络合稳定常数如表 7.4 所示。各种形态的汞离子络合物的浓度随着 pH 的变化如图 7.12 所示，从图中可以看出，在 pH<4.0 时，溶液中汞大部分以溶解态的 $HgCl_2$形式存在，在 pH>7.0 时，溶液中汞大部分以溶解态 $Hg(OH)_2$形式存在。在 4.0<pH<7.0 之间，溶液中汞以 $HgCl_2$和 $Hg(OH)_2$的混合形态存在。从图 7.11 可以看出，在初始 pH 4～6.7 之间，吸附平衡后，溶液 pH 的降低量比汞交换的 H^+量小，说明 $Hg(OH)_2$与交换下来的 H^+发生了反应。在初始 pH>6.7 时，由于溶液中汞大部分以溶解态 $Hg(OH)_2$形式存在，吸附交换下来 H^+与 $Hg(OH)_2$发生反应生成了水，因此溶液 pH 保持不变。在初始 pH2～4 时，溶液中汞大部分以 $HgCl_2$形态存在，吸附交换下来的 H^+ 浓度为 1.1×10^{-4} mol/L 远小于初始溶液中的 H^+浓度，因此溶液 pH 保持不变。其吸附机理如式(7.3)、(7.4)、(7.5)和(7.6)所示。

表 7.4 汞物种的稳定常数

反应方程式	logK
$Hg^{2+} + Cl^- \leftrightarrow HgCl^+$	6.72
$Hg^{2+} + 2Cl^- \leftrightarrow HgCl_2$	13.23
$Hg^{2+} + 3Cl^- \leftrightarrow HgCl_3^-$	14.2
$Hg^{2+} + 4Cl^- \leftrightarrow HgCl_4^{2-}$	15.3
$Hg^{2+} + Cl^- + OH^- \leftrightarrow HgClOH$	10.44
$Hg^{2+} + OH^- \leftrightarrow Hg(OH)^+$	10.97
$Hg^{2+} + 2OH^- \leftrightarrow Hg(OH)_2$	22.36
$Hg^{2+} + 3OH^- \leftrightarrow Hg(OH)_3^-$	21.46

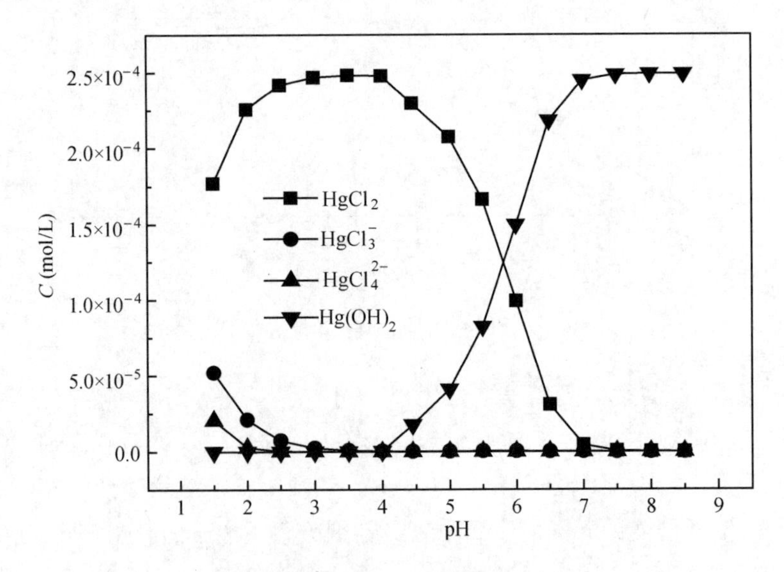

图 7.12 溶液中汞物种浓度分布图

$$\equiv Si-C_3H_6-SH + HgCl_2 \longrightarrow \equiv Si-C_3H_6-S-HgCl_2^- + H^+ \quad (7.3)$$

$$\equiv Si-C_3H_6-SH + HgCl_3^- \longrightarrow \equiv Si-C_3H_6-S-HgCl_3^{2-} + H^+ \quad (7.4)$$

$$\equiv Si-C_3H_6-SH + HgCl_4^{2-} \longrightarrow \equiv Si-C_2H_6-S-HgCl_4^{3-} + H^+ \quad (7.5)$$

$$\equiv Si-C_3H_6-SH + Hg(OH)_2 \longrightarrow \equiv Si-C_3H_6-S-HgOH + H_2O \quad (7.6)$$

7.2.4 NaCl 对 SH-MCM-41 吸附 Hg(Ⅱ)的影响

由于汞离子能与多个 Cl^- 形成络合物，不同的络合物对 SH-MCM-41 的吸附可能产生影响，实验中考察了溶液中 NaCl 浓度的变化对 SH-MCM-41 吸附 Hg(Ⅱ)的影响，结果如图 7.13 所示。

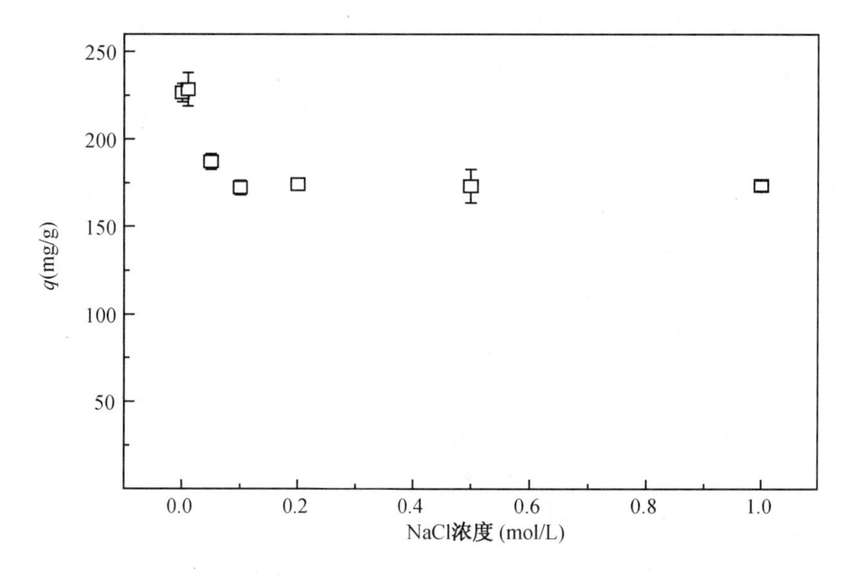

图 7.13　NaCl 对 SH-MCM-41 吸附 Hg(Ⅱ)的影响

从图中可以看出，随着 NaCl 浓度的增加，SH-MCM-41 对 Hg(Ⅱ)吸附量逐渐降低直至最后保持不变。当 NaCl 浓度从 0 增加到 0.1 mol/L 时，SH-MCM-41 对 Hg(Ⅱ)的吸附量从 226 mg/g 降低到 172 mg/g，去除率从 45.2%降低到 34.4%；当 NaCl 浓度从 0.1 mol/L 增加到 1 mol/L 时，SH-MCM-41 对 Hg(Ⅱ)吸附量不再降低，平均吸附量为 173 mg/g。

Cl^- 的增加对汞在溶液中存在的形态分布变化如图 7.14 所示，从图中可以看出，随着 Cl^- 浓度的增加，$HgCl_2$ 浓度从 2.29×10^{-4} mol/L 逐渐降低到零；$HgCl_3^-$ 浓度先升高后降低，在 Cl^- 浓度为 0.1 mol/L 得到最大，浓度为 7.84×10^{-4} mol/L；$HgCl_4^{2-}$ 浓度则从零逐渐增加到 2.29×10^{-4} mol/L。在 NaCl 浓度为零时，溶液中汞大部分以 $HgCl_2$ 形式存在；当

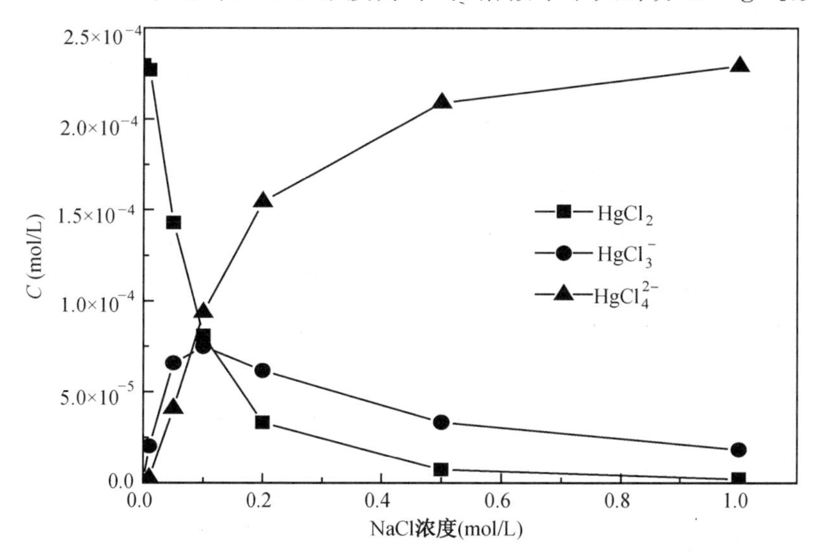

图 7.14　NaCl 对汞物种浓度的影响

NaCl 浓度为 1.0 mol/L 时，溶液中汞大部分以 $HgCl_4^{2-}$ 形式存在。从图 7.13 可以看出，随着 NaCl 浓度的增加，SH-MCM-41 对 Hg(Ⅱ)的吸附量逐渐降低最后保持不变，说明 $HgCl_3^-$ 和 $HgCl_4^{2-}$ 能被 SH-MCM-41 吸附并且吸附效果比 $HgCl_2$ 差，这是由于 $HgCl_3^-$ 和 $HgCl_4^{2-}$ 比 $HgCl_2$ 多络合 Cl^- 的原因，当 $HgCl_3^-$ 和 $HgCl_4^{2-}$ 被吸附后，由于 $HgCl_3^-$ 和 $HgCl_4^{2-}$ 比 $HgCl_2$ 的分子尺寸大，引起了空间位阻作用，从而导致了 Hg(Ⅱ)的吸附量降低。SH-MCM-41 对 $HgCl_2$ 的饱和吸附量是对 $HgCl_4^{2-}$ 的 1.3 倍。

7.2.5 SH-MCM-41 选择性吸附 Hg(Ⅱ)

在实际的水处理中，多种金属离子共存是一种普遍现象，共存金属离子的存在会影响重金属离子的吸附效率，由于其他金属离子也能在吸附剂上发生吸附。实验中对比考察了 Hg(Ⅱ)、Pb(Ⅱ)和 Cd(Ⅱ)分别在 MCM-41 和 SH-MCM-41 的吸附情况，结果如表 7.5 所示。从表中可以看出，MCM-41 对 Hg(Ⅱ)、Pb(Ⅱ)和 Cd(Ⅱ)的吸附量很低，分别为 2.9、2.3 和 0.5 mg/g，去除率分别为 5.8%、6.4%和 5.7%；SH-MCM-41 对 Pb(Ⅱ)和 Cd(Ⅱ)的吸附量分别为 12.8 mg/g 和 8.6 mg/g，去除率分别为 6.4%和 5.7%。而 SH-MCM-41 对 Hg(Ⅱ)的去除率达到 99.3%，吸附量为 139 mg/g，说明 SH-MCM-41 与 Hg(Ⅱ)之间存在较强的结合力。

表 7.5　MCM-41 和 SH-MCM-41 对不同金属离子的吸附

吸附剂	重金属离子	初始浓度 (mg/L)	吸附后浓度 (mg/L)	吸附量(mg/g)
MCM-41 (1 g/L)	Hg(Ⅱ)	50	47.1	2.9
	Pb(Ⅱ)	10	7.7	2.3
	Cd(Ⅱ)	5	4.5	0.5
SH-MCM-41 (0.5 g/L)	Hg(Ⅱ)	70	0.5	139
	Pb(Ⅱ)	100	93.6	12.8
	Cd(Ⅱ)	75	70.7	8.6

Lagadic 等人[172]用 MPTS 共缩聚方法改性镁型层状硅酸盐吸附水中的 Hg(Ⅱ)、Pb(Ⅱ)和 Cd(Ⅱ)，结果表明吸附剂对三种金属离子具有良好的吸附能力，最大吸附量分别为 603 mg/g、365 mg/g 和 210 mg/g。Nam 等人[173]发现巯基化有机陶瓷不仅能去除 Hg(Ⅱ)，还能去除 Pb(Ⅱ)和 Cd(Ⅱ)，去除顺序为 Hg(Ⅱ)＞Pb(Ⅱ)＞Cd(Ⅱ)。本实验中 SH-MCM-41 仅对 Hg(Ⅱ)表现较强的吸附能力，原因可能是：(1) Hg(Ⅱ)、Pb(Ⅱ)和 Cd(Ⅱ)与 S 形成沉淀的溶度积常数(pK_{sp})分别为 52.4、27.9 和 26.1，其中 Hg(Ⅱ)与 S 的 pK_{sp} 最大，因此，SH-MCM-41 表面上的 S 更倾向于与 Hg(Ⅱ)形成络合；(2) SH-MCM-41 的最可几孔径大约为 2.07 nm，溶液中 Pb(Ⅱ)和 Cd(Ⅱ)的络合物可能由于分子尺寸较大不能进入 SH-MCM-41 的孔道内发生吸附。Hg(Ⅱ)在 SH-MCM-41 的吸附方式如图 7.15 所示。由于 SH-MCM-41 对 Pb(Ⅱ)和 Cd(Ⅱ)的吸附量很小，因此在实际水处理过程中可以

用 SH-MCM-41 来分离水中的 Hg(Ⅱ)。

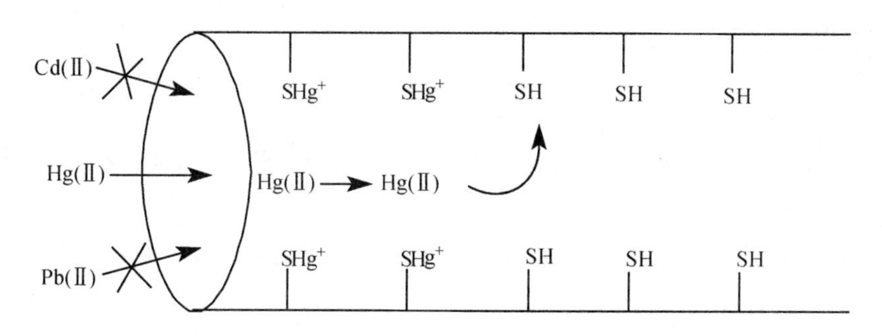

图 7.15　汞离子在 SH-MCM-41 上的吸附

7.2.6　脱附实验

Hg(Ⅱ)在 SH-MCM-41 上的结合能力可以采用脱附实验来描述，一般用来脱附吸附剂上的金属离子溶液有 HCl、HNO_3 和 EDTA 等。实验中考察了用 HCl 和 EDTA 来脱附 Hg(Ⅱ)的情况，结果如图 7.16 所示。

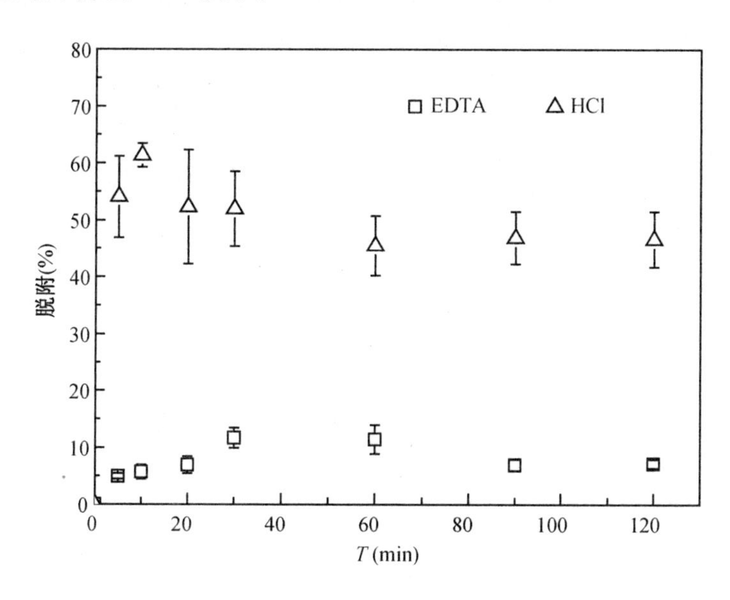

图 7.16　脱附实验

从图中可以看出，采用 HCl 来脱附 Hg(Ⅱ)的效率比用 EDTA 的高。HCl 的最大脱附率为 60%，而用 EDTA 的最大脱附率为 12%，说明 Hg(Ⅱ)在 SH-MCM-41 上不易发生脱附，二者的结合能力较强。Walcarius 和 Delacôte[78]用 3 mol/L HCl 脱附 SH-MCM-41 吸附的 Hg(Ⅱ)，脱附量为 36%，当用“3 mol/L HCl＋5%硫脲”的溶液进行脱附时，脱附量达到 81%。Hg(Ⅱ)与 SH-MCM-41 强的结合能力为溶液中 Hg(Ⅱ)的去除提供了广泛的应用前景。

7.3 本章小结

在碱性条件下合成了 MCM-41,并在其表面嫁接巯基官能团来吸附水中的 Hg(Ⅱ),得出如下结论:

(1) 改性后 MCM-41 的结构基本保持不变,比表面积和孔径均减小,SH-MCM-41 的硫含量为 4.04%。

(2) Hg(Ⅱ)在 SH-MCM-41 上的吸附符合假二级动力学模型,吸附速率随着初始浓度的增加而增加,吸附等温线符合 Langmuir 模型,最大吸附量随着温度的升高而升高,吸附为吸热过程,并且 Hg(Ⅱ)与 SH-MCM-41 表面上—SH 发生 1∶1 络合。

(3) 溶液 pH 基本不影响 SH-MCM-41 对 Hg(Ⅱ)的吸附,各种形态的汞离子均能在 SH-MCM-41 上发生吸附,由于空间位阻作用,Cl^- 浓度的增加将导致吸附量的下降。SH-MCM-41 对 $HgCl_2$ 的饱和吸附量是对 $HgCl_4^{2-}$ 的 1.3 倍。

(4) SH-MCM-41 基本不吸附 Pb(Ⅱ)和 Cd(Ⅱ),脱附实验表明,Hg(Ⅱ)在 SH-MCM-41 上结合力较强。

第8章　结论与展望

结论

在碱性条件下水热合成介孔材料MCM-41，并在其表面进行改性来选择性吸附水中污染物，同时研究了SBA-15吸附水中氯酚类有机物和磺胺类药物的性能，得出如下结论：

(1) 甲基化改性，氨基化改性和巯基化改性后，MCM-41的比表面积和孔径均减小。各种改性方法对MCM-41的介孔结构未产生影响。

(2) MCM-41能选择性吸附水中硝基苯，吸附平衡时间为1 min，吸附等温线符合Langmuir模型。在低温低pH下有利于MCM-41的吸附。水中的阳离子种类和腐殖酸(0～50 mg/L)不影响MCM-41对硝基苯的吸附，但是阳离子浓度影响MCM-41对硝基苯的吸附。MCM-41在10%的丙酮溶液中对硝基苯的吸附量较在10%的甲醇溶液中的吸附量低。脱附实验表明吸附过程是可逆的。再生后MCM-41对硝基苯的吸附量降低。由XRD结果表明再生后破坏了MCM-41的介孔结构，因此，需要寻找和合成水热稳定性高的介孔材料。吸附机理可能是硝基苯的憎水作用。

(3) CH_3-MCM-41比C-MCM-41和MCM-41的表面憎水性强，并能有效地提高硝基苯的吸附，最大吸附量是C-MCM-41和MCM-41的3倍。吸附等温线可以用线性分配系数表示，吸附过程为放热过程并且熵是减少的。硝基苯苯环上的取代基性质和位置影响CH_3-MCM-41对硝基苯类化合物的吸附能力。pH和离子强度不影响CH_3-MCM-41对非电离硝基苯类化合物的吸附而影响可电离硝基苯类化合物的吸附。在天然水体中，CH_3-MCM-41能较好地吸附硝基苯类化合物。穿透实验表明，固定床平衡吸附量和吸附速率与流速的大小有关，穿透模型可用微观模型描述。CH_3-MCM-41吸附硝基苯类化合物的机理为苯环与CH_3-MCM-41表面的Si—O—Si形成电子供体/受体配位作用。

(4) SBA-15对氯酚的吸附在1 min内达到平衡，吸附去除率随着氯取代基数量的增加而增加。随着温度、pH和腐殖酸浓度的增加，SBA-15对氯酚的吸附量降低；离子强度增大不影响氯酚的吸附。竞争吸附结果表明，三种氯酚在SBA-15上的吸附点位相似，TCP与SBA-15的结合能力最强。被吸附的氯酚易于被10%丙酮溶液和10%甲醇溶液脱附，并且10%丙酮溶液的脱附效率高于10%甲醇溶液。吸附机理主要是憎水作用和电子供体/受体配位作用。

(5) SBA-15 对磺胺的吸附在 1 min 内达到平衡，吸附去除率顺序为 SMT＞SMX＞SML。随着温度和 pH 的增加，SBA-15 对磺胺的吸附量降低；增加离子强度降低氯酚吸附，进一步增加离子强度不影响 SMX 和 SML 吸附；推测磺胺在 SBA-15 上的吸附属于氢键作用。不同阳离子种类对磺胺的吸附影响不同，在 pH4.5 时，Ca^{2+} 和 Mg^{2+} 的存在降低了磺胺的吸附，而 Cu^{2+} 基本不影响磺胺的吸附；在 pH6.0 时，Ca^{2+} 和 Mg^{2+} 降低了磺胺的吸附，而 Cu^{2+} 明显影响 SBA-15 吸附 SMX 和 SML。竞争吸附表明，三种磺胺在 SBA-15 上的吸附点位相似。再生后 SBA-15 对磺胺的吸附能力降低。

(6) NH_2-MCM-41 基本不吸附 MO，Fe^{2+}-NH_2-MCM-41 对 MO 的吸附量与溶液中 Fe^{2+} 浓度有关，NH_3^+-MCM-41 对 MO 的吸附量是 Fe^{2+}-NH_2-MCM-41 的 2～3 倍。NH_3^+-MCM-41 吸附 MO 的初始速率是 Fe^{2+}-NH_2-MCM-41 的 2 倍左右。NH_3^+-MCM-41 与 MO，OⅣ，X-3B 和 AF 之间的作用力很强，吸附符合 Langmuir 模型，最大吸附量与染料的初始浓度无关，吸附量的顺序依次为 MO＞OⅣ＞AF＞X-3B，吸附过程为吸热过程并且熵是增加的。动力学分析认为，外扩散和内扩散均在一定程度上控制染料的吸附速率，其中，内扩散是主要控制步骤。pH 主要影响 NH_3^+-MCM-41 表面带电情况，从而影响 NH_3^+-MCM-41 对染料的吸附。通过 Zeta 电位分析认为，静电作用是染料吸附的主要作用机理。弱酸根离子(如 CO_3^{2-} 和 HPO_4^{2-})对 NH_3^+-MCM-41 吸附染料的抑制较大。离子强度增加降低了 NH_3^+-MCM-41 对 MO 的吸附。

(7) Hg(Ⅱ)在 SH-MCM-41 上的吸附符合假二级动力学模型，吸附等温线符合 Langmuir 模型，最大吸附量与溶液的温度有关，吸附过程为吸热过程并且熵是增加的。Hg(Ⅱ)与 SH-MCM-41 表面上—SH 发生 1∶1 络合。溶液 pH 基本不影响 SH-MCM-41 对 Hg(Ⅱ)的吸附，各种形态的汞离子均能在 SH-MCM-41 上发生吸附。由于空间位阻作用，$HgCl_4^{2-}$ 和 $HgCl_3^-$ 在 SH-MCM-41 上的吸附量比 $HgCl_2$ 的低。SH-MCM-41 基本不吸附 Pb(Ⅱ)和 Cd(Ⅱ)，脱附实验表明，Hg(Ⅱ)在 SH-MCM-41 上结合力较强。

综上所述，论文中制备了 3 种 MCM-41 功能化吸附材料去除水中硝基苯类化合物、酸性染料、Hg(Ⅱ)三大类污染物，为水处理净水剂领域拓展了一条新思路，具有较广泛的应用前景和实用价值。

展望

实验结果表明功能化 MCM-41 能有效地去除水中不同的污染物。文中选择了—CH_3、—NH_3^+ 和—SH 三种官能团，关于—SO_3H、—COOH 和—NH_2 等官能团对一些特定污染物的吸附将在今后的工作中进行分析和探讨。另外，合成水热稳定性高的介孔材料也是今后的研究和发展方向之一。

参考文献

[1] Schwarzenbach R P, Gschwend P M, Imboden D M. 环境有机化学. 王连生,等,译. 北京:化学工业出版社, 2003

[2] American Water Works Association. Water quality and treatment (a handbook of community water supplies). 5th ed. [S. l.]:McGRAW-HILL, INC. 1999

[3] Reynolds T D, Richards P A. Unit Operations and Processes in Environmental Engineering. 2nd ed. [S. l.]: PWS Publishing Company, 1996

[4] 章燕豪. 吸附作用. 上海:上海科学技术文献出版社, 1989

[5] Sposito G. The surface chemistry of natural particles. Cambridge: Oxford University Press, Inc. 2004

[6] Do D D. Adsorption analysis: equilibria and kinetics. London: Imperial College Press, 2003

[7] Franz M, Arafat H A, Pinto N G. Effect of chemical surface heterogeneity on the adsorption mechanism of dissolved aromatics on activated carbon. Carbon, 2000, 38(13): 1807-1819

[8] 韩严和, 全燮, 薛大明, 等. 活性炭改性研究进展. 环境污染治理技术与设备, 2003, 4(1): 33-37

[9] 许光眉. 石英砂负载氧化铁(IOCS)吸附去除锑、磷研究. 长沙:湖南大学,2006

[10] Faust S D, Aly O M. Adsorption processes for water treatment. [S. L.]:Butterworths Publishers, 1987

[11] Zhao X S, Lu G Q, Millar G J. Advances in mesoporous molecular sieve MCM-41. Industrial & Engineering Chemistry Research, 1996, 35(7): 2075-2090

[12] Selvam P, Bhatia S K, Sonwane C G. Recent advances in processing and characterization of periodic mesoporous MCM-41 silicate molecular sieves. Industrial & Engineering Chemistry Research, 2001, 40(15): 3237-3261

[13] Johnson B F G, Raynor S A, Brown D B, et al. New catalysts for clean technology. Journal of Molecular Catalysis A Chemical, 2002: 182-183

[14] Kresge C T, Leonowicz M E, Roth W J, et al. Ordered mesoporous molecular sieves synthesized by a liquid-crystal template mechanism. Nature, 1992, 359(6397): 710-712

[15] Beck J S, Vartuli C, Roth W J, et al. A new family of mesoporous molecular sieves prepared with liquid crystal templates. J. Am. Chem. Soc, 1992, 114(27): 10834-10843

[16] Vartuli J C, Schmitt K D, Kresge C T, et al. Effects of surfactant/silica molar ratios on the formation of mesoporous molecular sieves: inorganic mimicry of surfactant liquid-crystal phases and mechanistic implications. Chem. Mater, 1994, 6(12): 2317-2326

[17] Huo Q, Margolese D L, Ciesla U, et al. Generalized synthesis of periodic surfactant/inorganic composite materials. Nature, 1994, 368(6469): 317-321

[18] Huo Q, Margolese D I, Ciesla U, et al. Organization of organic molecules with inorganic molecular species into nanocomposite biphase arrays. Chem. Mater, 1994, 6(8): 1176-1191

[19] Cooper C, Burch R. Mesoporous materials for water treatment processes. Water Research, 1999, 33(18): 3689-3694

[20] Wang S, Li H, Xu L. Application of zeolite MCM-22 for basic dye removal from wastewater. J. Colloid Interface Sci, 2006, 295(1): 71-78

[21] Wang S, Li H, Xie S. Physical and chemical regeneration of zeolitic adsorbents for dye removal in wastewater treatment. Chemosphere, 2006, 65(1): 82-87

[22] O'Connor A J, Hokura A, Kisler J M, et al. Amino acid adsorption onto mesoporous silica molecular sieves. Sep. Purif. Technol, 2006, 48(2): 197-201

[23] Gokulakrishnan N, Pandurangan A, Sinha P K. Effective uptake of decontaminating agent (citric acid) from aqueous solution by mesoporous and micropous materials: An adsorption process. Chemosphere, 2006, 63(3): 458-468

[24] Khalid M, Joly G, Renaud A. Removal of phenol from water by adsorption using zeolites. Ind. Eng. Chem. Res, 2004, 43(17): 5275-5280

[25] Zhao Y X, Ding M Y, Chen D P. Adsorption properties of mesoporous silicas for organic pollutants in water. Anal. Chim. Acta, 2005, 542(2): 193-198

[26] Mangrulkar P A, Kamble S P, Meshram J, et al. Adsorption of phenol and *o*-chlorophenol by mesoporous MCM-41. J. Hazard. Mater, 2008, 160(2-3): 414-421

[27] Wei F, Gu F N, Zhou Y, et al. Modifying MCM-41 as an efficient nitrosamine trap in aqueous solution. Solid State Sciences, 2009,11(2): 402-410

[28] Hsien Y, Chang C, Chen Y. Photodegradation of aromatic pollutants in water over TiO_2 supported on molecular sieves. Applied Catalysis B: Environmental, 2001, 31(4): 241-249

[29] Li G, Zhao X S, Ray M B. Advanced oxidation of orange Ⅱ using TiO_2 supported on porous adsorbents: The role of pH, H_2O_2 and O_3. Sep. Purif. Technol, 2007, 55

(1)：91-97

[30] Schüth C, Disser S, Schüth F. Tailoring catalysts for hydrodechlorinating chlorinated hydrocarbon contaminants in groundwater. Applied Catalysis B: Environmental, 2000, 8(3-4)：147-152

[31] 靳昕，王英滨，林智辉. MCM-41 中孔分子筛净化含 Cr(Ⅵ) 废水的实验研究. 离子交换与吸附，2006，22(6)：536-543

[32] 杨静，麻晓光，R L Frost. MCM-41 介孔材料的合成条件和特性对吸附镉离子的影响. 硅酸盐学报，2007(6)：750-754

[33] Terdkiatburana T, Wang S, Tadé M O. Competition and complexation of heavy metal ions and humic acid on zeolitic MCM-22 and activated carbon. Chem. Eng. J, 2008,139(3)：437-444

[34] Fujita H, Izumi J, Sagehashi M. Adsorption and decomposition of water-dissolved ozone on high silica zeolites. Water Research, 2004, 38(1)：159-165

[35] Fujita H, Izumi J, Sagehashi M. Decomposition of trichloroethene on ozone-adsorbed high silica zeolites. Water Research, 2004, 38(1)：166-172

[36] Sagehashi M, Shiraishi K, Fujita H. Ozone decomposition of 2-Methylisoborneol (MIB) in adsorption phase on high silica zeolites with preventing bromate formation. Water Research, 2005, 39(13)：2926-2934

[37] Guo Z, Zheng S, Zheng Z. Selective adsorption of *p*-chloronitrobenzene from aqueous mixture of *p*-chloronitrobenzene and *o*-chloronitrobenzene using HZSM-5 zeolite. Water Research, 2005, 39(6)：1174-1182

[38] Csobán K, Párkányi-Berka M, Joó P, et al. Sorption experiments of Cr(Ⅲ) onto silica. Colloids and Surfaces. A: Physicochemical and Engineering. Aspects, 1998, 141(18)：347-364

[39] Rauf M A, Bukallah S B, Hamour F A, et al. Adsorption of dyes from aqueous solutions onto sand and their kinetic behavior. Chem. Eng. J, 2008, 137(2)：238-243

[40] Lee C K, Liu S S, Juang L C, et al. Application of MCM-41 for dyes removal from wastewater. J. Hazard. Mater, 2007, 147(3)：997-1005

[41] Su Y H, Zhu Y G, Sheng G, et al. Linear adsorption of nonionic organic compounds from water onto hydrophilic minerals: silica and alumina. Environ. Sci. Technol, 2006, 40(22)：6949-6954

[42] Li S, Tuan V A, Noble R D. MTBE adsorption on all-silica β zeolite. Environ. Sci. Technol, 2003, 37(17)：4007-4010

[43] Bottero J Y, Khatib K, Thomas F. Adsorption of atrazine onto zeolites and organoclays, in the presence of background organics. Water Research, 1994, 28(2)：483-490

[44] Anderson M A. Removal of MTBE and other organic contaminants from water by sorption to high silica zeolites. Environ. Sci. Technol，2000，34(4)：725-727

[45] Haderlein S B，Schwarzenbach R P. Adsorption of substituted nitrobenzenes and nitrophenols to mineral surfaces. Environ. Sci. Technol，1993，27(2)：316-326

[46] Haderlein S B，Weissmahr K W，Schwarzenbach R P. Specific adsorption of nitroaromatic explosives and pesticides to clay minerals. Environ. Sci. Technol，1996，30 (2)：612-622

[47] Weissmahr K W，Haderlein S B，Schwarzenbach R P. Insitu spectroscopic investigations of adsorption mechanisms of nitroaromatic compounds at clay minerals. Environ. Sci. Technol,1997，31(1)：240-247

[48] Boyd S A，Sheng G，Teppen B J. Mechanisms for the adsorption of substituted nitrobenzenes by semctite calys. Environ. Sci. Technol，2001，35(21)：4227-4234

[49] Li H，Teppen B J，Johnston C T. Thermodynamics of nitroaromatic compound adsorption from water by smectite clay. Environ. Sci. Technol，2004，38(20)：5433-5442

[50] Pauling L. 化学键的本质. 卢嘉锡，等,译. 上海:上海科学技术出版社，1966

[51] Lu M C，Roam G D，Chen J N，et al. Adsorption characteristics of dichlorvos onto hydrous titanium dioxide surface. Water Research，1996，30(7)：1670-1676

[52] Park Y J，Jung K H，Park K K. Effect of complexing ligands on the adsorption of Cu (Ⅱ) onto the silica gel surface：I. Adsorption of ligands. Journal of Colloid & Interface Science，1995，171 (1)：205-210

[53] Yokoi T，Yoshitake H，Tatsumi T. Synthesis of amino-functionalized MCM-41 via direct co-condensation and post-synthesis grafting methods using mono-，di- and tri-amino-organoalkoxysilanes. J. Mater. Chem，2004，14(6)：951-957

[54] Zhao X S，Lu G Q. Modification of MCM-41 by surface silylation with trimethylchlorosilane and adsorption study. J. Phys. Chem. B，1998，102(9)：1556-1561

[55] Mercier L，Pinnavaia T J. Heavy metal ion adsorbents formed by the grafting of a thiol functionality to mesoporous silica molecular sieves：Factors affecting Hg (Ⅱ) uptake. Environ. Sci. Technol,1998，32(18)：2749-2754

[56] Jaroniec C P，Kruk M，Jaroniec M，et al. Tailoring surface and structural properties of MCM-41 silicas by bonding organosilanes. J. Phys. Chem，B，1998，102(28)：5503-5510

[57] Song S W，Hidajat K，Kawi S. Functionalized SBA-15 materials as carriers for controlled drug delivery：influence of surface properties on matrix-drug interactions. Langmuir，2005，21(21)：9568-9575

[58] Park M，Komarneni S. Stepwise functionalization of mesoporous crystalline silica

materials. Microp. Mesop. Mater, 1998, 25(1-3): 75-80

[59] Igarashi N, Hashimoto K, Tatsumi T. Studies on the structural stability of mesoporous molecular sieves organically functionalized by a direct method. J. Mater. Chem, 2002, 12(12): 3631-3636

[60] Ribeiro Carrott M M L, Estevã Candeias A J, Carrott P J M, et al. Stabilization of MCM-41 by pyrolytic carbon deposition. Langmuir, 2000, 16(24): 9103-9105

[61] Bibby A, Mercier L. Adsorption and Separation of water-soluble aromatic molecules by cyclodextrin-functionalized mesoporous silica. Green Chemistry, 2003, 5(1): 15-19

[62] Sawicki R, Mercier L. Evaluation of mesoporous cyclodextrin-silica nanocomposites for the removal of pesticides from aqueous media. Environ. Sci. Technol, 2006, 40(6): 1978-1983

[63] Inumaru K, Kiyoto J, Yamanaka S. Molecular selective adsorption of nonylphenol in aqueous solution by organo-functionalized mesoporous silica. Chem. Commun, 2000, (11):903-904

[64] Yan Z, Li G, Mu L, et al. Pyridine-functionalized mesoporous silica as an efficient adsorbent for the removal of acid dyestuffs. J. Mater. Chem, 2006, 16(18): 1717-1725

[65] Yan Z, Tao S, Yin J, et al. Mesoporous silicas functionalized with a high density of carboxylate groups as efficient absorbents for the removal of basic dyestuffs. J. Mater. Chem, 2006, 16(24): 2347-2353

[66] Yokoi T, Tatsumi T, Yoshitake H. Fe^{3+} coordinated to amino-functionalized MCM-41: An adsorbent for the toxic oxyanions with high capacity, resistibility to inhibiting anions, and reusability after a simple treatment. J. Colloid Interface Sci, 2004, 274(2): 451-457

[67] Jang M, Park J K, Shin E W. Lanthanum functionalized highly ordered mesoporous media: implications of arsenate removal. Microp. Mesop. Mater, 2004, 75(1-2): 159-168

[68] Kim T H, Jang M, Park J K. Bifunctionalized mesoporous molecular sieve for perchlorate removal. Microp. Mesop. Mater, 2008, 108(1-3): 22-28

[69] Wang L, Qi T, Zhang Y. Novel organic—inorganic hybrid mesoporous materials for boron adsorption. Colloids and Surfaces A: Physicochemical and Engineering Aspects, 2006, 275(1-3): 73-78

[70] 郑蕾. 活性污泥胞外聚合物吸附重金属效能与机制研究. 哈尔滨:哈尔滨工业大学, 2006

[71] Pérez-Quintanilla D, Hierro I, Fajardo M, et al. 2-Mercaptothiazoline modified me-

soporous silica for mercury removal from aqueous media. J. Hazard. Mater, 2006, B134(1-3): 245-256

[72] Pérez-Quintanilla D, Hierro I, Fajardo M, et al. Cr(Ⅵ) adsorption on functionalized amorphous and mesoporous silica from aqueous and non-aqueous media. Materials Research. Bulletin, 2007, 42(8): 1518-1530

[73] Pérez-Quintanilla D, Sánchez A, Hierro I, et al. Functionalized HMS mesoporous silica as solid phase extractant for Pb (Ⅱ) prior to its determination by flame atomic absorption spectrometry. J. Sep. Sci, 2007, 30(10): 1556-1567

[74] Pérez-Quintanilla D, Sánchez A, Hierro I, et al. Preparation, characterization, and Zn^{2+} adsorption behavior of chemically modified MCM-41 with 5-mercapto-1-methyltetrazole. Journal of Colloid & Interface Science, 2007, 313(2): 551-562

[75] Liu A M, Hidajat K, Kawi S, et al. A new class of hybrid mesoporous materials with functionalized organic monolayers for selective adsorption of heavy metal ions. Chem. Commun, 2000, (13): 1145-1146

[76] Nooney R I, Kalyanaraman M, Kennedy G, et al. Heavy metal remediation using functionalized mesoporous silicas with controlled macrostructure. Langmuir, 2001, 17(2): 528-533

[77] 张翠，周玮，路平，等. 巯丙基官能团化 MCM-41 对 Pb(Ⅱ)的吸附. 化学通报，2006, 69(7): 529-531

[78] Walcarius A, Delacôte C. Mercury (Ⅱ) binding to thiol-functionalized mesoporous silicas: Critical effect of pH and sorbent properties on capacity and selectivity. Anal. Chim. Acta, 2005, 547(1): 3-13

[79] Evangelista S M, DeOliveira E, Castro G R, et al. Hexagonal mesoporous silica modified with 2-mercaptothiazoline for removing mercury from water solution. Surf. Sci, 2007, 601(10): 2194-2202

[80] Bois L, Bonhommé A, Ribes A, et al. Functionalized silica for heavy metal ions adsorption. Colloids and Surfaces A: Physicochemical and Engineering Aspects, 2003, 221(1-3): 221-230

[81] Sales J A A, Faria F P, Prado A G S, et al. Attachment of 2-aminomethylpyridine molecule onto grafted silica gel surface and its ability in chelating cations. Polyhedron, 2004, 23(5): 719-725

[82] Li J, Qi T, Wang L, et al. Synthesis and characterization of imidazole-functionalized SBA-15 as an adsorbent of hexavalent chromium. Mater. Lett, 2007, 61(14-15): 3197-3200

[83] Lam K F, Yeung K L, Mckay G. Selective mesoporous adsorbents for $Cr_2O_7^{2-}$ and Cu^{2+} separation. Microp. Mesop. Mater, 2007, 100(1-3): 191-201

[84] Lam K F, Fong C M, Yeung K L, et al. Selective adsorption of gold from complex mixtures using mesoporous adsorbents. Chem. Eng. J, 2008, 145(2): 185-195

[85] Zhao X, Yang G, Gao X. Studies on the sorption behaviors of nitrobenzene on marine sediments. Chemospehere, 2003, 52(5): 917-925

[86] Makarova O V, Rajh T, Thurnauer M C, et al. Surface modification of TiO_2 nanoparticles for photochemical reduction of nitrobenzene. Environ. Sci. Technol, 2000, 34(22): 4797-4803

[87] Latifoglu A, Gurol M D. The effect of humic acids on nitrobenzene oxidation by ozonation and O_3/UV processes. Water Research, 2003, 37(8): 1879-1889

[88] Beltrán F J, Encinar J M, Alonso M A. Nitroaromatic hydrocarbon ozonation in water. 1. Single ozonation. Ind. Eng. Chem. Res, 1998, 37(1): 25-31

[89] Shu H T, Li D Y, Scala A A, et al. Adsorption of small organic pollutants from aqueous streams by aluminosilicate-based microporous materials. Separation and Purification Technology, 1997, 11(1): 27-36

[90] Chang C Y, Tsai W T, Ing C H, et al. Adsorption of polyethylene glycol (PEG) from aqueous solution onto hydrophobic zeolite. Journal of Colloid and Interface Science, 2003, 260(2): 273-279

[91] Chang C F, Chang C Y, Chen K H, et al. Adsorption of naphthalene on zeolite from aqueous solution. Journal of Colloid and Interface Science, 2004, 277(1): 29-34

[92] Li Z H, Bowman R S. Sorption of perchloroethylene by surfactant-modified zeolite as controlled by surfactant loading. Environ. Sci. Technol, 1998, 32(15): 2278-2282

[93] Lemić J, Kovač ević D, Tomašević-ć anović M, et al. Removal of atrazine, lindane and diazinone from water by organo-zeolites. Water Research, 2006, 40(5): 1079-1085

[94] Zhou M L, Martin G, Taha S, et al. Adsorption isotherm comparison and modelling in liquid phase onto activated carbon. Water Research, 1998, 32(4): 1109-1118

[95] Vidic R D, Suidan M T. Role of dissolved oxygen on the adsorptive capacity of activated carbon for synthetic and natural organic matter. Environ. Sci. Technol, 1991, 25(9): 1612-1618

[96] Fontecha-Cámara M A, Lópeza-Ramón M V, Álvarez-Merino M A, et al. Effect of surface chemistry, solution pH, and ionic strength on the removal of herbicides diuron and amitrole from water by an activated carbon fiber. Langmuir, 2007, 23(3): 1242-1247

[97] Chen J, Zhu D, Sun C. Effect of heavy metals on the sorption of hydrophobic organic compounds to wood charcoal. Environ. Sci. Technol, 2007, 41(7): 2536-2541

[98] Newcombe G, Morrison J, Hepplewhite C, et al. Simultaneous adsorption of MIB

and NOM onto activated carbon：Ⅱ. Competitive effects. Carbon，2002，40(12)：2147-2156

[99] Ellis J，Korth W. Removal of geosmin and methylisoborneol from drinking water by adsorption on ultrastable zeolite-Y. Water Research，1993，27(4)：535-539

[100] Walters R W，Guiseppi-Elie A. Sorption of 2，3，7，8-tetrachlorodibenzo-*p*-dioxin to soils from water/methanol mixtures. Environ. Sci. Technol，1988，22(7)：819-825

[101] Rajagopal C，Kapoor J C. Development of adsorptive removal process for treatment of explosives contaminated wastewater using activated carbon. J. Hazard. Mater，2001，B87(1-3)：73-98

[102] Nevskaia D M，Castillejos-Lopez E，Muñoz V. Adsorption of aromatic compounds from water by treated carbon materials. Environ. Sci. Technol，2004，38(21)：5786-5796

[103] Beltrán F J，Encinar J M，Alonso M A. Nitroaromatic hydrocarbon ozonation in water. 2. Combined ozonation with hydrogen peroxide or UV radiation. Ind. Eng. Chem. Res，1998，37(1)：32-40

[104] Huang Y H，Zhang T C. Reduction of nitrobenzene and formation of corrosion coations in zerovalent iron systems. Water Research，2006，40(16)：3075-3082

[105] Brookes P R，Livingston A G. Biological detoxification of a 3-chloronitrobenzene manufacture waste-water in an extractive membrane bioreactor. Water Research，1994，28(6):1347-1354

[106] Brusseau M L. Cooperative sorption of organic chemicals in systems composed of low organic carbon aquifer materials. Environ. Sci. Technol，1991，25(10)：1501-1506

[107] Zhang W，Xu Z，Pan B，et al. Adsorption enhancement of laterally interacting phenol/aniline mixtures onto nonpolar adsorbents. Chemosphere，2007，66(11)：2044-2049

[108] Hulscher Th E M，Cornelissen G. Effect of temperature on sorption equilibrium and sorption kinetics of organic micropollutants—A review. Chemosphere，1996，32(4)：609-626

[109] Bohart G S，Adams E Q. Some aspects of behavior of charcoal with respect to chlorine. J. Am. Chem. Soc，1920，42(3)：523-529

[110] Shukla P，Wang S，Sun H，et al. Adsorption and heterogeneous advanced oxidation of phenolic contaminants using Fe loaded mesoporous SBA-15 and H_2O_2. Chem. Eng. J，2010，164(1)：255-260

[111] Chaliha S，Bhattacharyya K G. Catalytic wet oxidation of 2-chlorophenol，2,4-di-

chlorophenol and 2, 4, 6-trichlorophenol in water with Mn(Ⅱ)-MCM41. Chem. Eng. J, 2008, 139: 575-588

[112] Zhao D Y, Feng J L, Huo Q S, et al. Triblock copolymer syntheses of mesoporous silica with periodic 50 to 300 angstrom pores. Science, 1998, 279(5350): 548-552

[113] Sainit V K, Gupta V K, Ali I. Removal of chlorophenols from wastewater using red mud: An aluminum industry waste. Environ. Sci. Technol, 2004, 38: 4012-4018

[114] Zheng S, Yang Z, Jo D H, et al. Removal of chlorophenols from groundwater by chitosan sorption. Water Research, 2004, 38: 2315-2322

[115] Liu Q S, Zheng T, Wang P, et al. Adsorption isotherm, kinetic and mechanism studies of some substituted phenols on activated carbon fibers. Chem. Eng. J, 2010, 157: 348-356

[116] Biggar J W, Cheung M W. Adsorption of picloram (4-amino-3,5,6-trichloropicolinic acid) on panoche, ephrata, and palouse soils: A thermodynamic approach to the adsorption mechanism. Soil Sci. Soc. Amer. J, 1973, 37: 863-868

[117] Jiao L, Regalbuto J R. The synthesis of highly dispersed noble and base metals on silica via strong electrostatic adsorption: Ⅱ. Mesoporous silica SBA-15. J. Catal, 2008, 260, 342-350

[118] Xie W, Zheng Z, Tang M, et al. Solubilities and activity coefficients of chlorobenzenes and chlorophenols in aqueous salt solutions. J. Chem. Eng. Data, 1994, 39: 568-571

[119] Rao B H, Asolekar S R. QSAR models to predict effect of ionic strength on sorption of chlorinated benzenes and phenols at sediment-water interface. Water Research, 2001, 35: 3391-3401

[120] Tremblay L, Kohl S D, Rice J A, et al. Effects of temperature, salinity, and dissolved humic substances on the sorption of polycyclic aromatic hydrocarbons to estuarine particles. Mar. Chem, 2005, 96: 21-34

[121] Fu J K, Luthy R G. Aromatic compound solubility in solvent water mixtures. J. Environ. Engin.-ASCE, 1986, 112: 328-345

[122] Calvet R. Adsorption of organic chemicals in soils. Environ. Health Perspect, 1989, 83: 145-177

[123] Parida S K, Dash S, Patel S, et al. Adsorption of organic molecules on silica surface. Adv. Colloid Interface Sci., 2006, 121: 77-110

[124] Keiluweit M, Kleber M. Molecular-level interactions in soils and sediments: The role of aromatic π-systems. Environ. Sci. Technol, 2009, 43: 3421-3429

[125] Davis A P, Huang C P. Adsorption of some substituted phenols onto hydrous CdS. Langmuir, 1990, 6: 857-862

[126] Serrano D P, Calleja G, Botas J A, et al. Adsorption and hydrophobic properties of mesostructured MCM-41 and SBA-15 materials for volatile organic compound removal. Ind. Eng. Chem. Res, 2004, 43: 7010-7018

[127] Wang F, Yao J, Sun K, et al. Adsorption of dialkyl phthalate esters on carbon nanotubes. Environ. Sci. Technol, 2010, 44: 6985-6991

[128] Chen W, Duan L, Zhu D. Adsorption of polar and nonpolar organic chemicals to carbon nanotubes. Environ. Sci. Technol, 2007, 41: 8295-8300

[129] Boyd S A. Adsorption of substituted phenols by soil. Soil Sci, 1982, 134: 337-343

[130] Sarmah A K, Meyer M T, Boxall A B. A global perspective on the use, sales, exposure pathways, occurrence, fate and effects of veterinary antibiotics (VAs) in the environment. Chemosphere, 2006, 65: 725-759

[131] Ching H H, Jay E R, Kristen L S, et al. Assessment of potential antibiotics contaminants in water and preliminary occurrence analysis. J. Environ. Qual, 2002, 11: 675-678

[132] Ji L, Chen W, Zheng S, et al. Adsorption of sulfonamide antibiotics to multiwalled carbon nanotubes. Langmuir, 2009, 25(19): 11608-11613

[133] Sharma V K. Oxidative transformations of environmental pharmaceuticals by Cl_2, ClO_2, O_3, and Fe(VI): Kinetics assessment. Chemosphere, 2008, 73: 1379-1386

[134] Ingerslev F, Torang L, Loke M, et al. Primary biodegradation of veterinary antibiotics in aerobic and anaerobic surface water simulation systems. Chemosphere, 2001, 44(4): 865-872

[135] Boxall A B A, Blackwell P, Cavallo R, et al. The sorption and transport of a sulphonamide antibiotic in soil systems. Toxicol. Lett, 2002, 131: 19-28

[136] Gao J, Pedersen J A. Adsorption of sulfonamide antimicrobial agents to clay minerals, Environ. Sci. Technol, 2005, 39: 9509-9516

[137] Bui T X, Choi H. Adsorptive removal of selected pharmaceuticals by mesoporous silica SBA-15. J. Hazard. Mater, 2009, 16: 602-608

[138] Guo Z, Zheng S, Zheng Z. Separation of *p*-chloronitrobenzene and *o*-chloronitrobenzene by selective adsorption using silicalite-1 zeolite. Chem. Eng. J, 2009, 155: 654-659

[139] Bajpai A K, Rajpoot M, Mishra D D. Studies on the correlation between structure and adsorption of sulfonamide compounds. Colloids Surf. A, 2000, 168: 193-205

[140] Diaz-Flores P E, López-Urías F, Terrones M, et al. Simultaneous adsorption of Cd^{2+} and phenol on modified N-doped carbon nanotubes: Experimental and DFT studies. J. Colloid Interface Sci, 2009, 334: 124-131

[141] Ji L, Chen W, Bi J, et al. Adsorption of tetracycline on single-walled and multi-

walled carbon nanotubes as affected by aqueous solution chemistry. Environ. Toxicol. Chem，2010，29：2713-2719

[142] Faria P C C，Órfão J J M，Pereira M F R. Adsorption of anionic and cationic dyes on activated carbons with different surface chemistries. Water Research，2004，38(8)：2043-2052

[143] van der Zee F P，Villaverde S. Combined anaerobic-aerobic treatment of azo dyes—A short review of bioreactor studies. Water Research，2005，39(8)：1425-1440

[144] Crini G. Non-conventional low-cost adsorbents for dye removal：A review. Bioresour. Technol，2006，97(9)：1061-1085

[145] El Qada E N，Allen S J，Walker G M. Adsorption of methylene blue onto activated carbon produced from steam activated bituminous coal：A study of equilibrium adsorption isotherm. Chem. Eng. J，2006，124(1—3)：103-110

[146] Forgacs E，Cserháti T，Oros G. Removal of synthetic dyes from wastewaters：A review. Environ. Int，2004，30(7)：953-971

[147] Messina P V，Schulz P C. Adsorption of reactive dyes on titania-silica mesoporous materials. J. Colloid Interface Sci，2006，299(1)：305-320

[148] Wang S，Zhu Z H. Characterisation and environmental application of an Australian natural zeolite for basic dye removal from aqueous solution. J. Hazard. Mater，2006，B136(3)：946-952

[149] Juang L，Wang C，Lee C. Adsorption of basic dyes onto MCM-41. Chemosphere，2006，64(11)：1920-1928

[150] Saad R，Belkacemi K，Hamoudi S. Adsorption of phosphate and nitrate anions on ammonium-functionalized MCM-48：Effects of experimental conditions. J. Colloid Interface Sci，2007，311(2)：375-381

[151] Song S W，Hidajat K，Kawi S. Functionalized SBA-15 materials as carriers for controlled drug delivery：Influence of surface properties on matrix-drug interactions. Langmuir，2005，21(21)：9568-9575

[152] Ho Y S，Ng J C Y，McKay G. Kinetics of pollutant sorption by biosorbents：Review. Sep. Purif. Methods，2000，29(2)：189-232

[153] Ho Y S. Review of second-order models for adsorption systems. J. Hazard. Mater，2006，B136(3)：681-689

[154] Lorenc-Grabowska E，Gryglewicz G. Adsorption of lignite-derived humic acids on coal-based mesoporous activated carbons. J. Colloid Interface Sci，2005，284(2)：416-423

[155] Basibuyuk M，Forster C F. An examination of the adsorption characteristics of a basic dye (Maxilon Red BL-N) on to live activated sludge system. Process Bio-

chem，2003，38(9)：1311-1316

[156] Chiou M，Li H. Equilibrium and kinetic modeling of adsorption of reactive dye on cross-linked chitosan beads. J. Hazard. Mater，2002，B93(2)：233-248

[157] Gücek A，Sener S，Bilgen S，et al. Adsorption and kinetic studies of cationic and anionic dyes on pyrophyllite from aqueous solutions. J. Colloid Interface Sci，2005，286(1)：53-60

[158] Annadurai G，Juang R，Lee D. Use of cellulose-based wastes for adsorption of dyes from aqueous solutions. J. Hazard. Mater，2002，B92(3)：263-274

[159] Singh K P，Mohan D，Sinha S，et al. Color removal from wastewater using low-cost activated carbon derived from agricultural waste material. Ind. Eng. Chem. Res，2003，42(9)：1965-1976

[160] Ayar A，Gezici O，Kücükosmanoğlu M. Adsorptive removal of methylene blue and methyl orange from aqueous media by carboxylated diaminoethane sporopollenin：On the usability of an aminocarboxilic acid functionality-bearing solid-stationary phase in column techniques. J. Hazard. Mater，2007，146(1-2)：186-193

[161] Wu X，Wu D，Fu R. Studies on the adsorption of reactive brilliant red X-3B dye on organic and carbon aerogels. J. Hazard. Mater，2007，147(3)：1028-1036

[162] Aguedach A，Brosillon S，Morvan J. Influence of ionic strength in the adsorption and during photocatalysis of reactive black 5 azo dye on TiO_2 coated on non woven paper with SiO_2 as a binder. J. Hazard. Mater，2008，150(2)：250-256

[163] Chiou M S，Li H Y. Adsorption behavior of reactive dye in aqueous solution on chemical cross-linked chitosan beads. Chemosphere，2003，50(8)：1095-1105

[164] Lorenc-Grabowska E，Gryglewicz G. Adsorption characteristics of congo red on coal-based mesoporous activated carbon. Dyes Pigments，2007，74(1)：34-40

[165] Crini G，Badot P M. Application of chitosan，a natural aminopolysaccharide，for dye removal from aqueous solutions by adsorption processes using batch studies：A review of recent literature. Prog. Polym. Sci，2008，33(4)：399-447

[166] Wang Q，Kim D，Dionysiou D D，et al. Sources and remediation for mercury contamination in aquatic systemsd—A literature review. Environ. Pollut，2004，131(2)：323-336

[167] Chiarle S，Ratto M，Rovatti M. Mercury removal from water by ion exchange resins adsorption. Water Research. 2000，34(11)：2971-2978

[168] Benhammou A，Yaacoubi A，Nibou L，et al. Study of the removal of mercury (Ⅱ) and chromium (VI) from aqueous solutions by Moroccan stevensite. J. Hazard. Mater，2005，B117(2-3)：243-249

[169] Babić B M，Milonjić S K，Polovina M J，et al. Adsorption of zinc，cadmium and

mercury ions from aqueous solutions on an activated carbon cloth. Carbon, 2002, 40(7): 1109-1115

[170] Namasivayam C, Kadirvelu K. Uptake of mercury (Ⅱ) from wastewater by activated carbon from an unwanted agricultural solid by-product: Coirpith. Carbon, 1999, 37(1): 79-84

[171] Yardim M F, Budinova T, Ekinci E, et al. Removal of mercury (Ⅱ) from aqueous solution by activated carbon obtained from furfural. Chemosphere, 2003, 52(5): 835-841

[172] Lagadic I L, Mitchell M K, Payne B D. Highly effective adsorption of heavy metal ions by a thiol-functionalized magnesium phyllosilicate clay. Environ. Sci. Technol, 2001, 35(5): 984-990

[173] Nam K H, Gomez-Salazar S, Tavlarides L L. Mercury (Ⅱ) Adsorption from wastewaters using a thiol functional adsorbent. Ind. Eng. Chem. Res, 2003, 42(9): 1955-1964

[174] Manohar D M, Anoop Krishnan K, Anirudhan T S. Removal of mercury (Ⅱ) from aqueous solutions and chlor-alkali industry wastewater using 2-mercaptobenzimidazole-clay. Water Research, 2002, 36(6): 1609-1619

[175] Puanngam M, Unob F. Preparation and use of chemically modified MCM-41 and silica gel as selective adsorbents for Hg (Ⅱ) ions. J. Hazard. Mater, 2008, 154(1-3): 578-587

[176] Merrifield J D, Davids W G, MacRae J D, et al. Uptake of mercury by thiol-grafted chitosan gel beads. Water Research, 2004, 38(13): 3132-3138

[177] Aguado J, Arsuaga J M, Arencibia A. Adsorption of aqueous mercury (Ⅱ) on propylthiola-functionalized mesoporous silica obtained by cocondensation. Ind. Eng. Chem. Res, 2005, 44(10): 3665-3671